离不开的数学

数学中的运筹思维

焦宝聪　编著

電子工業出版社
Publishing House of Electronics Industry
北京 · BEIJING

图书在版编目（CIP）数据

离不开的数学 . 数学中的运筹思维 / 焦宝聪编著 . —北京 : 电子工业出版社 , 2019.6

ISBN 978-7-121-36721-2

Ⅰ . ①离… Ⅱ . ①焦… Ⅲ . ①博弈论－普及读物 Ⅳ . ① O1-49 ② O225-49

中国版本图书馆 CIP 数据核字 (2019) 第 106684 号

责任编辑：张贵芹　文字编辑：仝赛赛
印　　刷：三河市鑫金马印装有限公司
装　　订：三河市鑫金马印装有限公司
出版发行：电子工业出版社
　　　　　北京市海淀区万寿路 173 信箱　　邮编 100036
开　　本：720×1000　1/16　　印张：7.5　字数：116 千字
版　　次：2019 年 6 月第 1 版
印　　次：2019 年 6 月第 1 次印刷
定　　价：36.80 元

凡所购买电子工业出版社图书有缺损问题，请向购买书店调换。若书店售缺，请与本社发行部联系，联系及邮购电话：（010）88254888，88258888。

质量投诉请发邮件至 zlts@phei.com.cn，盗版侵权举报请发邮件至 dbqq@phei.com.cn。

本书咨询联系方式：（010）88254510，tongss@phei.com.cn。

序　言

本人以兴奋的心情和极大的兴趣，看完了焦宝聪教授编写的《离不开的数学》丛书。书中内容广泛，涉及社会、科技、管理、生活等多个领域，从各种不同的角度展现数学的内涵和数学应用的广泛性。书中的很多事例就发生在我们身边，其中处理问题的很多方法，对我们日常工作和生活都有极其重要的指导意义，如决策与优化、遗产分配、合作的利益分配等，确实体现了“离不开的数学”。这套书有如下特点：

丛书虽然是面向青少年的数学读物，但它不同于数学课程标准规定的课程教学内容，在扩展学生的数学视野、提高数学在各个领域层面应用的认识方面，将会起到非常大的作用。

丛书从数学角度阐述了资源的合理利用、冲突与合作，公平与正义、逻辑推理、创意思维等方面应有的分析框架和科学态度，将会促进人们的文化、科技创新思维的提高。

丛书从基本概念入手，由浅入深，循序渐进。其中的诸多故事、例子生动而有趣，读之有赏心悦目之感，因而有很好的可读性。虽然内容主要围绕数学中的运筹学、博弈论、创意思维方面的科学知识，但由于作者对许多高深数学知识都做了通俗化处理，可打破许多人对数学的畏惧，具有中小学数学水平的大众都可以学会、看懂，使数学变得更有趣、更快乐，使数学与生活变得更紧密。

这套书在这方面的努力，将会在数学的普及教育上起到积极的推动作用，这也是焦宝聪教授在首都师范大学为本科生教授运筹学、博弈论等大学通识课程，受到学生们的广泛赞誉后，在数学普及教育上又一次有力的尝试。不仅对学生，而且将会在社会上引起积极反响，将在人们的理性思维培养、正确处理问题方式及推动精神文明建设上起到推动作用。虽然在数学教育这个方向上，已经有许多大师和先知们在不断地努力，但这套丛书无疑在这个方面是一部力作，相信会受到社会的广泛关注。

一个强大的国家需要国民具有较高的国民素质和文化素养，这其中数学自然不可或缺。这套丛书作为宣扬现代数学思维的著作，应当具有扩展学生的数学视野、提升大众数学素养的价值，我们期待着。

赖英连

2019年5月

于中国科学院

前　言

在学习、工作与生活中，我们每个人都会面临各种各样的选择，我们的一生都在做选择。那么，用什么方法才能做出令我们满意的选择，并使得执行效果最好呢？这里的“效果最好”指的是解决问题的成本最小或收益最大。人们做选择的过程，也就是我们常说的决策与优化的过程，决策与优化构成了运筹学的核心。运筹学是数学的一个重要分支，如果说物理学是研究物质运动一般规律和物质基本结构的学科，那么运筹学则是研究事理的学科，它为决策与优化提供理论与方法。

这本书向读者介绍运筹学的优秀思想、方法及应用，使读者了解运筹学对当代人类文明的贡献，以达到开阔视野、培养思维、启发灵性的效果，为读者未来的学习和发展打下良好的基础。毫不夸张地说，运筹学提供的思维方法能使我们受益终生。

本书主要介绍使用运筹思维解决实际问题的思想方法，考虑到读者的实际情况，我们利用计算机软件巧妙地规避了烦琐的计算过程。

本书共分为八章，主要包括：运筹学简介、运筹学起源、线性规划、动态规划、决策分析、试验最优化方法等内容。

在本书编著过程中，参考了大量中外文献，在此向文献的作者们表示衷心感谢！感谢赖炎连教授、陈兰平教授和王鹏远教授对书提出的中肯修改意见！同时还要感谢我的研究生逄欣同学提供的部分资料，感谢刘梦亭为本书精心设计的手绘图表！

目 录 contents

第1章

你了解运筹学吗

1

导 言

运筹学诞生于第二次世界大战期间，是由于反法西斯战争的需要而发展起来的一门新兴学科。其实，在我们的生活中，运筹学是无处不在的。学习本章内容后，你会对运筹学的应用领域有一定的了解，同时，还会了解到历史上运筹学的一些实际应用案例。是不是迫不及待地想要推开运筹学的大门了呢？让我们一起学习吧！

1.1 什么是运筹学

虽然你可能没有学过运筹学，但是运筹学中的很多思想与方法，你在以前的学习和阅读中就已经接触到了。不知道你是否看过《孙子兵法》《三十六计》《史记》这三本书（如图 1.1 ～ 1.3 所示），这些古代书籍中就体现着丰富的运筹学思想。例如，《孙子兵法》第一篇《始计篇》中讲的“庙算”，即出兵前在庙堂（朝廷讨论国家大事的地方）上比较敌我双方所具备的各种条件，估算战事胜负的可能性，进而确定战略方针并制订作战计划。

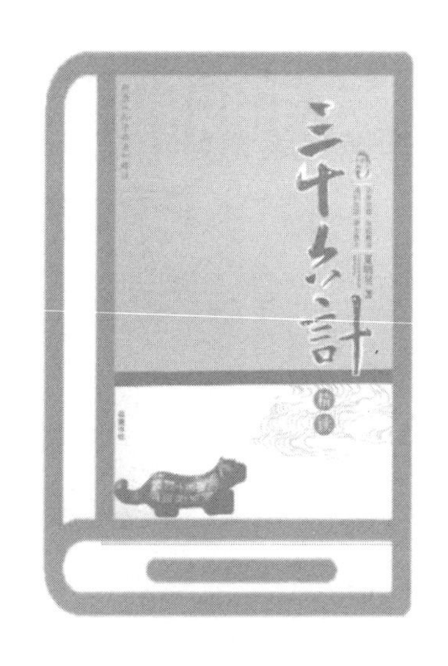

图 1.1 《孙子兵法》　　图 1.2 《三十六计》

运筹学诞生于第二次世界大战期间，起源于军事、管理和经济三个领域。在我国战国时期，有一个流传后世的“田忌赛马”的故事。这个故事说明在已有的条件下，经过筹划与安排，选择一个最好的策略，就可以取得最优的结果，这充分体现了运筹学的内涵。除此之外，《孙子兵法》中的“兵者，诡道也”，《三十六计》中的“围魏救赵”等，都说明运筹学在中国早已生根发芽。

图 1.3 《史记》

运筹学是由英文 Operational Research 翻译过来的。Operational Research 原意是运用研究或作战研究，我国科学家将它译作运筹学，是借用了《史记·高祖本纪》中“运筹帷幄中，决胜千里外”一语中的“运筹”二字，既显示出其军事起源，也表明它在我国已早有萌芽。

另外，起源于我国且历史悠久的围棋是读者熟悉的话题。围棋的诞生，一开始就和战争联系在一起，它是为适应战争的需要、模拟战争的形式而创制的一种智力游戏。历史上有许多军事家爱好围棋，与围棋结下了种种不解之缘，他们经常运用围棋的哲理去研究战争、指挥战争。围棋包含着深厚的运筹学底蕴，其中的“攻与守”“势与地”“进与退”“弃与取”都是决策者进行决策的关键内容。（见图 1.4）。

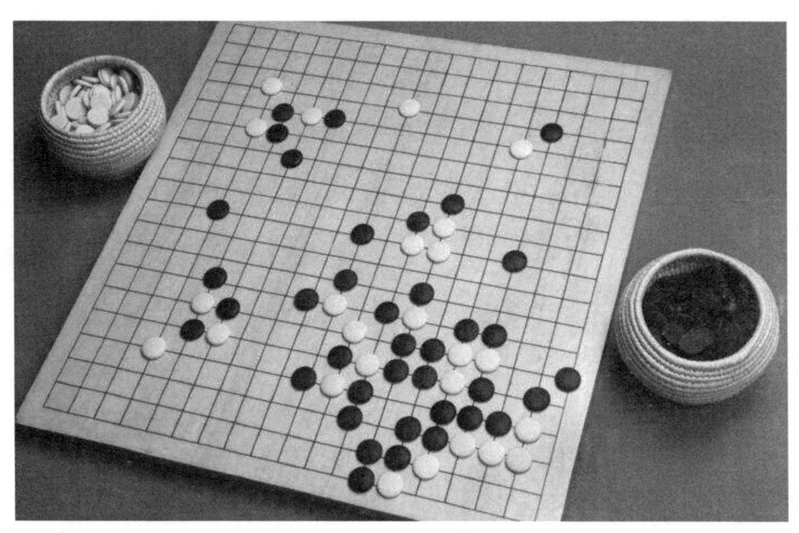

图 1.4 围棋

运筹学是一门为决策与优化提供理论与方法的学科，它的核心思想是：以整体最优为目标，从系统的观点出发，力图以最佳的方式来解决系统各部分之间的利害冲突，对所研究的问题求出最优解，寻求最佳的行动方案。

运筹学是一门应用广泛的学科，军事、管理、经济领域的统筹协调问题都可以运用运筹学来解决，如图 1.5 所示。

图 1.5 军事、管理、经济领域

在第二次世界大战期间，英美商船经常会遭到德国战机（见图 1.6）的袭击，这就产生了一个问题，是否有必要在商船上安装防空武器（当时的防空武器主要是高射炮、高射机枪）。

图 1.6　战机

一种意见认为，在商船上安装防空武器的成本比较高，且击落敌机的几率很小，没有必要安装；另一种意见认为，尽管击落敌机的几率很小，却能威慑敌机，使敌机不敢低飞，降低敌机攻击商船的命中率，达到保护商船的目的。

由于安装防空武器的目的是保护商船，减少损失，并不是击落敌机，所以，最终还是选择安装防空武器。第二次世界大战中的武装商船如图 1.7 所示。

图 1.7　第二次世界大战中的武装商船

1.2 运筹学的特点

运筹学的特点十分鲜明，可以概括为以下几点。

其一，运筹学是一种科学方法，不只是某种研究方法的分散和偶然应用，而是可用于解决整个一类问题。运筹学已被广泛应用于工商企业、军事部门、民政事业等领域，用于研究组织内的统筹协调问题，其应用不受行业、部门的限制。例如，在制造领域，基于企业现有的各类资源条件，如何合理安排生产计划，才能使得利润最大；在人力资源领域，如何合理安排人力资源，才能确保在完成任务的同时，使人力资源成本最小。

其二，运筹学强调以量化为基础，建立各种数学模型，为决策者的决策提供定量的依据。具有很强的实践性，最终应能向决策者提供建设性意见，并应收到实效。

其三，运筹学具有多学科融合的特点，如综合运用经济学、心理学、物理学、系统学等的一些方法，如图 1.8 所示。

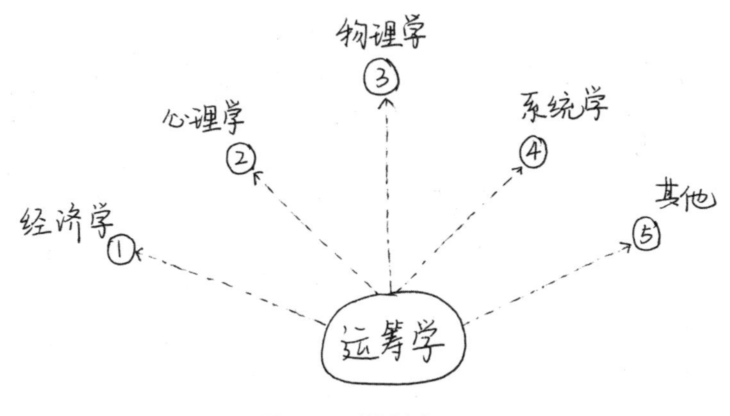

图 1.8　学科交叉

其四，运筹学强调最优决策，它以整体最优为目标，从系统的观点出发，对所研究的问题求出最优解，寻求最佳的行动方案。所以运筹学也是一门优化技术，能提供解决各类问题的优化方案。

运用运筹学来解决实际问题一般有以下几个步骤：

（1）确定目标；

（2）制定方案；

（3）建立模型；

（4）确定解法。

首先明确所需完成的任务及想要达到的目标。通常还需考虑，随着时间的推移，目标是否会发生变化；在模型初步建立后，就要考虑解法：是采用模型，还是采用理论演算方法；如果有随机因素，应如何对待；有无现成方法可以利用；问题本身是否有精度要求，等等。虽然运筹学不可能处理所有问题，但在其发展过程中形成了某些抽象模型，并应用于实际问题的解决。例如，后面要介绍的线性规划模型、动态规划模型、决策分析模型等都是运筹学发展过程中形成的抽象模型。随着科学技术和生产的发展，运筹学已渗入到诸如服务、库存、搜索、人口、对抗、控制、时间表、资源分配、厂址定位、能源、设计、生产、可靠性等很多领域，且发挥着越来越重要的作用。

阅读材料

1. 孙武与《孙子兵法》

孙武，字长卿，后人尊称其为孙武子、孙子，中国历史上著名军事家。约公元前545年出生于齐国乐安（今山东省北部），后来到了吴国，因为献上兵法十三篇，被吴王阖闾重用。吴王拜其为大将，安排其和伍子胥共事，辅佐吴王，助吴王领兵攻破楚国都城郢（今湖北江陵县纪南城）。

孙武在春秋末期（公元前476年前后）所著的《孙子兵法》，是世界上现存最古老的兵书。其中，《始计第一》论述如何在开战前和战争中实行谋划，以及谋划在战争中的重要意义；《作战第二》论述速战速胜的重要性；《谋攻第三》论述如何用计谋征服敌人；《军形第四》论述用兵作战要先为自己创造不被敌人战胜的条件，以等待敌人可以被自己战胜的时机，使自己“立于不败之地”；《兵势第五》论述用兵作战要营造一种足以压倒敌人的迅猛之势，并要善于利用这种迅猛之势；《虚实第六》论述用兵作战须采用“避实而击虚”的方针；《军争第七》论述如何争夺制胜的有利条件，使自己掌握作战主动权；《九变第八》论述将帅指挥作战应灵活机动地处理问题，不要因机械、死板而招致失败，并对将帅提出了要求；《行军第九》论述行军作战中怎样安置军队和判断敌情；《地形第十》论述作战时应怎样利用地形，并着重论述了深入敌国作战的好处；《九地第十一》进一步论述作战时应怎样利用地形及统兵之道；《火攻第十二》论述在战争中使用火攻的办法、条件和原则等；《用间第十三》论述使用间谍侦察敌情在作战中的重要意义，以及间谍的种类和使用间谍的方法。

《孙子兵法》是体现我国古代军事运筹思想最早的典籍，它考察了战争中的各种依存、制约关系，总结了战争的规律，并依此来研究如何筹划兵力以获得全局的胜利。书中语言表述简洁，内容富有哲理，后来，很多将领用兵都受到了该书的影响，《孙子兵法》对中国的文化发展有深远的影响。

2. 沈括运粮

古代作战时，讲究“兵马未动，粮草先行”，指的是：兵马还没出动，军用粮草的筹备、运输就要先行一步。

现在，让我们一起来看一下解决古代军事后勤问题的范例——“沈括运粮”。

沈括（1031—1095），北宋时期大科学家、军事家。在率兵抗击西夏侵扰的征途中，曾经从行军中各类人员可以背负粮食的基本数据出发，分析、计算了后勤人员与作战兵士在不同行军天数中的不同比例关系，同时也分析了牲畜运粮与人力运粮之间的利弊。

沈括当时的分析、计算过程的译意如下：凡是行军作战，如何从敌方取得粮食，是最急迫的事情。自己运粮不仅耗费大，而且势必难以远行。曾经作过计算。

假设一个民夫可以背六斗米（斗和升都是古代计量单位，1斗等于十升），士兵自带五天的干粮。

如果一个民夫供应一个士兵，单程只能进军十八天（六斗米，每人每天吃二升米，二人吃十八天）。若要计回程的话，只能进军九天。

如果两个民夫供应一个士兵，单程可进军二十六天（两个民夫背一石二斗米（1石等于10斗），三个人每天要吃六升米。八天以后，遣返一个民夫，给他六天的口粮（因轻装，八天路程六天可以返回）。以后的十八天，剩下二人，每天吃四升米），如果要计回程的话，只能前进十三天的路程（前八天每天吃六升米，后五天及回程每天吃四升米，能够进军十三天）。

如果三个民夫供应一个士兵，单程可进军三十一天（三人背米一石八斗，前六天半四个人，每天吃八升米，遣返一个民夫，给他四天口粮。中间的七天三个人同吃，每天吃六升米，再遣返一个民夫，给他九天口粮；最后的十八天两个人吃，每天吃四升米）。如果要计回程的话，只可以前进十六天的路程（开始六天半每天吃八升米，中间七天，每天吃六升米，最后两天半以及十六天回程每天吃四升米）。

三个民夫供应一个士兵，已经到极限了。如果要出动十万军队，辎重占去三分之一兵源，能够上阵打仗的士兵不足七万人，这就要用三万民夫运粮，再要扩大规模就很困难了。

每人背六斗米的数量也是根据民夫的总数平均来说的。因为其中的队长不背，伙夫减半，他们所减少的要分摊给众人。更何况还会有患病和死亡的人，他们所背的米又要由众人分担。所以军队中不容许饮食无度，如果有一个人暴食，两三个人供应他都不够。

如果用牲畜运输，骆驼可以驮三石，马或骡可以驮一石五斗，驴子可以驮一石，如图 1.9 所示。与人工相比，虽然驮的粮食多，花费也少，但如果不能及时放牧或喂食，牲口就会瘦弱而死。一头牲口死了，只能连它驮的粮食也一同丢弃。所以与人工相比，实际上是利害相当的。

图 1.9　沈括运粮

通过以上的分析，沈括做出了从敌国就地征粮的决策，保障了前方战事的粮食供应，从而减少了后勤人员的比例，增强了前方作战的兵力。“沈括运粮”的例子，说明了“从敌方就地获取军粮”的重要性，不但可以减少国家在战争中后勤的负担，还能削减敌国的战争资源，增加了己方的战争资源。这种军事后勤问题的分析计算是具有现代意义的运筹思想的范例。

3. 丁渭修皇宫

“丁渭修皇宫”是中国古代运筹学的典型应用案例。公元 1015 年，北宋京城汴京（今河南省开封市）皇宫失火，需要重建。右谏议大夫、权三司使（北宋时的官衔）丁渭受命在规定的期限内重新建造皇宫（见图 1.10）。

图 1.10　丁渭修皇宫

建造皇宫需要很多土，考虑到从营建工地到城外取土路途遥远，费工费力。丁渭认真筹划后，下令将城中街道挖开取土，用挖出的土制作砖胚，就地烧制砖瓦，节省了不少工时。挖了不久，街道便成了大沟。丁渭又命人挖开官堤，引汴河水进入大沟之中，然后调来各地的竹筏、木船，经这条大沟运送建造皇宫所用的石料、木材等，十分便利（见图 1.11）。

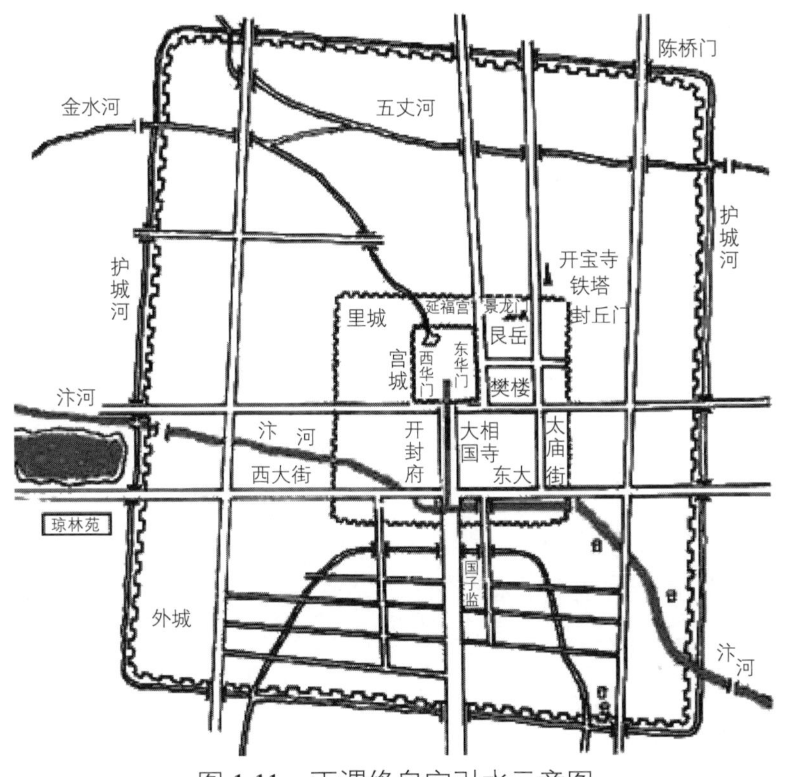

图 1.11　丁渭修皇宫引水示意图

等到皇宫建造完毕，丁渭命人将大沟中的水排尽，再将拆除废旧皇宫及建造新皇宫时所丢弃的砖头、瓦砾填入大沟中，大沟又变成了平地，重新成为街道。

按照丁渭的筹划，挖土、运送物材、处理废弃瓦砾等三件工程一举三得，节省的工费数以万计。就地挖土，节省了大量的运输成本；挖沟引水，大大提高了运输效率；回填废弃瓦砾，利用了建筑废料，在环保的同时节约了大量的人力、物力、财力。

探究与交流

请与家人、朋友交流古今中外运用运筹思维解决实际问题的例子，并与同学分享。

待学习的知识

系统、优化、决策。

相关书籍

（1）《史记》；

（2）《孙子兵法》；

（3）《三十六计》。

第2章

运筹学的起源

2

导　言

万物皆有起源，运筹学是由英文 Operational Research 翻译过来的。英文原意是运用研究或作战研究，我国科学家将它译作运筹学。是借用了《史记•高祖本纪》中“运筹帷幄中，决胜千里外”这句话。其中“运筹”二字，既体现了其军事起源，也表明它在我国已早有萌芽。

2.1 运筹学的军事起源

运筹学的起源可追溯到古代。在我国先秦时期的诸子著作中，就存在许多朴素的运筹思想。春秋时期有一位著名的军事家孙武（见图 2.1），其著作《孙子兵法》中，就体现了丰富的运筹思想。

图 2.1 孙武

> 夫未战而庙算胜者，得算多也；未战而庙算不胜者，得算少也。多算胜，少算不胜，而况于无算乎？
>
> ——《孙子兵法·始计篇》

世界上第一个运筹学小组成立于 1935 年，当时英国科学家罗伯特·沃森·瓦特（R.Watson. Watt，1892—1973），见图 2.2，发明了第一台实用雷达。

图 2.2　罗伯特・沃森・瓦特

时任英国海军大臣的温斯顿・丘吉尔（见图 2.3），敏锐地察觉到了雷达的重要意义，下令在英国东海岸的鲍得西（ Bawdsey ）秘密建立一个雷达站。

图 2.3　温斯顿・丘吉尔

当时的德国已经拥有一支强大的空军队伍，德国的飞机起飞后 17 分钟即可到达英国。在如此短的时间内，如何做好预警及拦截就成为一大难题。雷达技术帮助了英国，即使在当时的演习中已经可以探测到 160 公里之外的飞机，但空防中仍有许多漏洞。只有加以调整，才能改进作战效能。

1938年7月，鲍得西雷达站的负责人罗伊（A.P.Rowe）提出应立即对整个防空作战系统进行研究。1939年，由英国曼彻斯特大学物理学家、英国战斗机司令部科学顾问、战后获得诺贝尔奖的布莱凯特教授为首，组建了一个代号为“Blackett马戏团”的研究小组，专门就防空系统改进进行研究。

这个小组的成员包括三名心理学家、两名数学家、两名应用数学家、一名天文物理学家、一名普通物理学家、一名海军军官、一名陆军军官和一名测量人员。小组的特点是跨学科性，他们运用自然科学和工程技术的方法，对雷达信息传递、作战指挥、战斗机与防空火力的协调，做了系统的研究，并获得了成功，大大提高了英国本土的防空能力，在后来对抗德国纳粹的空袭战斗中发挥了极大的作用。

“Blackett马戏团”是世界上第一个运筹学小组。在他们就此项研究所写的秘密报告中，使用了“Operational Research”一词，意指“作战研究”或“运用研究”，就是我们所说的运筹学。鲍得西雷达站的研究是运筹学的起源与典范，其中明确的目标、整体化的思想、量化的分析、多学科的协同以及简明朴素的表述，都充分展示了运筹学的特点。

第二次世界大战中，运筹学被广泛应用于军事系统工程。除英国外，美国、加拿大等国也相继成立了军事运筹研究小组。其中最著名的是改进深水炸弹的起爆深度。

当时德国的潜水艇严重威胁到了盟军的运输船。盟军采用反潜舰艇，由反潜舰艇投掷水雷，但是效果不尽如人意。1942年，美国大西洋舰队主持反潜战的官员贝克（W. D. Baker）请求成立反潜战运筹组。麻省理工学院的物理学家莫尔斯（P. W. Morse）被请来担任规划与监督专家。莫尔斯最出色的工作之一是协助英国打破了德国对英吉利海峡的海上封锁。

莫尔斯领导的小组经过多方实地调查，根据实战统计数据，提出了以下两条重要建议：

第一条，将反潜攻击由反潜舰艇投掷水雷改为由飞机投掷深水炸弹，仅当潜艇浮出水面或刚下潜时，方投掷深水炸弹；深水炸弹的定深（指起爆深度）由 100 ～ 200 英尺修正为 20 ～ 50 英尺；

第二条，改进运送物资的船队规模及护航舰艇编队的方式，由小规模、多批次，改进为大规模、少批次，可使损失减少，如图 2.4 所示。

图 2.4　海上封锁

盟军军方采用了上述建议，重创德国潜艇舰队，最终成功地打破了德国的海上封锁。

此外，在对潜艇的有效搜索、合理安排飞机维修、提高飞机的利用率等许多问题的解决方面，运筹学也发挥了重要作用。

这些运筹学成果对盟军大西洋海战的胜利起了十分重要的作用，对许多战斗的胜利也起了积极的作用。

第二次世界大战期间的军事运筹问题及其解决方法具有以下特点：

（1）数据是实战中的真实数据；

（2）解决问题的人员来自不同的学科、专业；

（3）处理问题的方法渗透着物理学的思想。

第二次世界大战结束后，英国军方的一份《总结报告》中曾说："这种由资深科学家进行的，改善海军技术和物质运作的科学方法，被称为运筹学……和以往的历次战争相比，这次战争更是新的技术策略和反策略的较量……我们在几次关键战役中加快了反应速度，运筹学使我们赢得了胜利。"

2.2 运筹学的管理起源

运筹学的第二个起源是管理。第一次世界大战前就已经发展成熟的古典管理学派，对运筹学的产生和发展影响很大。

泰勒（F.W.Taylor，1856—1915，美国人，科学管理之父）出版了著名的《科学管理原理》，其译本见图2.5。

图2.5 《科学管理原理》

泰勒的管理思想和理论，概括起来主要有三点：

1. 科学管理的根本目的是谋求最高的工作效率；
2. 达到最高工作效率的重要手段是科学的管理方法；
3. 实施科学管理要求精神上的彻底变革。

根据以上观点，泰勒提出了以下管理制度：

1. 最佳动作原理；
2. 恰当的工作定额原理；
3. 一流工人制；

4. 刺激性付酬制度；

5. 职能管理原理或职能工长制；

6. 例外原理。

与泰勒同时代的、对管理改革作出贡献的还有一些学者，其中具有代表性的人物有：弗兰克·杰尔布雷斯（Frank Bunker Gilbreth，1868—1924），亨利·甘特（Henry Laurence Gantt，1861—1919），如图 2.6 和图 2.7 所示。

图 2.6 弗兰克·杰尔布雷斯

图 2.7 亨利·甘特

甘特的贡献主要有以下几点：

1. 提出任务加奖金的工资制度；

2. 强调对工人进行教育的重要性，重视人的因素在科学管理中的作用；

3. 制定了甘特图——生产计划进度图（是当时管理思想的一次革命），现今已经发展为统筹方法。

弗兰克·杰尔布雷斯以动作研究著称，比较有影响的著作有：

1. 1911 年，发表《动作研究》；

2. 1912 年，发表《科学管理入门》；

3. 1916 年，发表《疲劳研究》。

弗兰克·杰尔布雷斯的重要贡献是提出了动作研究、动作经济原理及疲劳研究，注意到了工作、工人和环境之间的相互影响。

美国的亨利·福特在泰勒的单工序动作研究的基础上，对如何提高整个生产过程的生产效率进行了研究。规定了各个工序的标准时间，使整个生产过程在时间上协调起来。他还创造了第一条流水生产线——汽车流水线（如图 2.8 所示），从而提高了整个企业的生产效率，使成本明显降低。流水生产线也成为第二次工业革命的重要标志之一。

图 2.8　第一条流水生产线——汽车流水线

2.3 运筹学的经济起源

数理经济学与运筹学有着紧密的联系。数理经济学对运筹学，特别是对线性规划的影响，可以从魁奈 1758 年发表的《经济表》算起。当时最著名的经济学家沃尔拉斯研究了经济平衡问题，后来的经济学家对其数学形式继续展开研究。

1928 年，冯·诺伊曼提出了一个广义经济平衡模型。1939 年，苏联数学家康托洛维奇发表著作《生产组织和计划中的数学方法》。

以上工作都可以看作运筹学的先驱工作。

运筹学起源于军事、管理和经济，离开了这三个领域，运筹学就会成为无源之水，就会走向歧途。这也是经实践验证的事实。

阅读材料

高超治河

高超，宋朝人，是一名河工。宋仁宗庆历年间（公元 1041—1048），黄河在北都（今太原）商胡地区决口，决口了很长时间都没有被堵上。担任三司度支副使（官职名）的郭申锡亲自前往现场监督工程。凡是堵上决口，将要合拢的时候，中间压上一埽（sǎo，用树枝、芦苇、石头等捆紧做成圆柱形，用作保护堤岸、防水冲刷的材料，如图 2.9 所示），叫做“合龙门”。但是当时压了好几次埽都合不上。

图 2.9　高超治河

那时的合龙门用的埽长六十步（步，古代的长度计量单位），有个叫做高超的河工献策说："埽身太长，人力压不住，埽到达不了水底，所以水流不断，而缆绳大多都断了。现在应当把六十步的埽身分为三节，每节长二十步，中间用绳索连起来，先放下第一节，等它到了水底，再压第二节、第三节。"老河工认为不可行，和他争论说：二十步的埽不能阻断水流，会白白使用三节埽，浪费好几倍成本，而决口依然堵不上。

高超对他说："第一埽河水确实没有被阻断，但是水势必然会被削弱一半。压第二埽时只需用一半的力气，水就算没有被阻断，也很少往外漏出。第三节是在平地上施工，足以让人使出全部力气。压完第三节以后，上两节自然就被浊泥淤积，不用再使用人力来加固它们了。” 但郭申锡还是依照从前的方法，并没有采纳高超的建议。当时魏公（爵位名）贾将军镇守北门（地名），他认为高超的话是对的，暗中派遣几千人在下游收集漂下来的埽。上游的埽压上以后，果然被水冲走了，而黄河的决口更大了，郭申锡因此被贬官。最后还是采用了高超的建议，才堵住了商胡地区的决口。

这种分阶段作业优于一次作业的分析与论证，是运筹思想的典型范例。

探究与交流

1. 谈一谈你对运筹思维的理解。

2. 说一说，运筹思维在生活中有哪些应用？

第3章

走进线性规划

3

导 言

线性规划作为运筹学的一个重要分支，是研究较早、理论较完善、应用较广泛的一个学科。它所研究的问题主要包括两个方面：一是在一项任务确定后，如何以最低成本（如人力、物力、资金和时间）去完成这项任务；二是如何在现有资源条件下进行组织和安排，以产生最大收益。因此，线性规划是求一组变量的值，使它满足一组线性式子，并使一个线性函数的值最大（或最小）的数学方法。

3.1 什么是线性规划

从第二次世界大战开始，线性规划就成为一门学科，并被加以应用。那么，线性规划研究的内容是什么呢？

我们举一个二战时期的例子，你很快就会明白了。这个例子称为“配餐问题”，如图 3.1 所示。

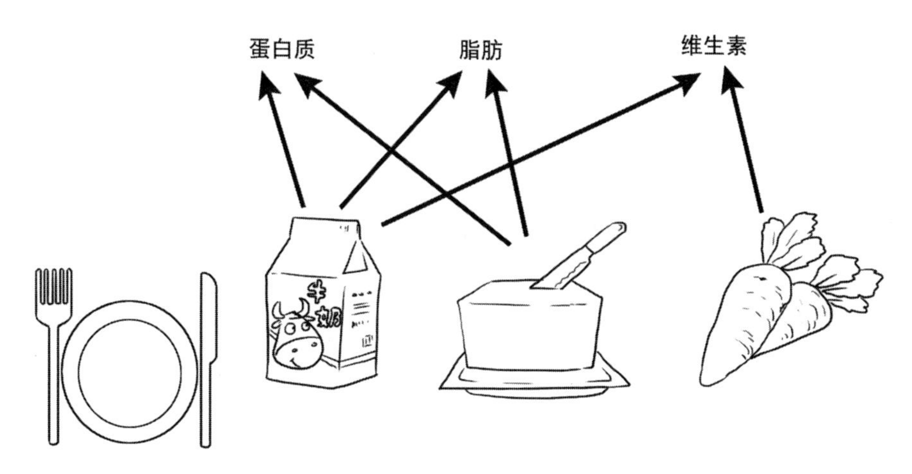

图 3.1　配餐问题

当时，美国空军为保证士兵的营养，规定在每餐的食品中，要保证一定的营养成分，如蛋白质、脂肪、维生素等，都有定量的规定。这些营养成分可以由各种不同的食物来提供，例如，牛奶提供蛋白质、脂肪和维生素，黄油提供蛋白质和脂肪，胡萝卜提供维生素。由于战争条件的限制，食品种类有限，所以要尽量降低成本。那么，在一盒套餐中，如何决定各种食品的数量，使得既能满足士兵营养成分的需要，又能降低成本呢？把这些要求列成数学方程式，求解就能得出最佳的配餐方案。

当时在美国空军服役的科学家丹兹格（G.B.Dantzig，1914—2005），见图 3.2，利用线性规划解决了这个棘手的配餐问题，为美国军队节省了大量开支。现代管理问题虽然千变万化，但一般都是要利用有限的资源，去追求最大的利润或最小的成本，所以，其中很多问题都可以归结为线性规划问题。

图 3.2　丹兹格

由此可以看出，线性规划问题的一个最重要的任务就是在数量上找出各种“最优”，以最佳的方式在各项经济活动中分配有限资源，以便最充分地发挥资源的效能，获取最佳的经济效益。

它所研究的问题主要包括以下两个方面：

一是在一项任务确定后，如何以最低成本（如人力、物力、资金、时间）完成这一任务；

二是如何在现有资源条件下进行组织和安排，以获得最大收益。

因此，线性规划其实是求一组变量的值，使它满足一组线性式子，并使一个线性函数的值达到最大或最小的数学方法。

线性规划不仅仅是一种数学理论和方法，还是现代管理中帮助管理者做出科学决策的重要手段。例如，所有的加工企业都会面临的问题：如何用企业现有的资源条件，合理筹划资源的运用，以产生最大效益？

例1 **某企业生产 A_1、A_2 两种产品，这两种产品分别需要甲、乙两种原料。生产一吨每种产品所需原料（吨）和每天原料限量（吨）及每吨不同产品可获利润（千元/吨）情况如表3.1所示。**

表3.1 企业数据

原料＼产品	A_1	A_2	每天原料限量（吨）
甲	2	1	40
乙	1	1.5	30
利润（千元/吨）	3	4	

该企业怎样安排生产才能使每天的利润最大？

解：这个问题本质上是求出 A_1、A_2 每天各生产多少，使得企业利润最大。我们假设 A_1、A_2 每天各生产 x_1、x_2 吨，则总利润的表达式为：

$$f = 3x_1 + 4x_2$$

我们希望在现有原料条件下总利润最大，现有原料的限制为：

$$2x_1 + x_2 \leqslant 40 \qquad \text{（原料甲的限制）}$$

$$x_1 + 1.5x_2 \leqslant 30 \qquad \text{（原料乙的限制）}$$

此外，由于未知数（我们称为决策变量）x_1、x_2 是计划产量，应有 x_1、x_2 为非负的限制，即 $x_1 \geqslant 0$，$x_2 \geqslant 0$。

由此得到问题的数学模型为：

$$\max\{f = 3x_1 + 4x_2\}$$
$$\begin{aligned} s.t.\ & 2x_1 + x_2 \leqslant 40 \\ & x_1 + 1.5x_2 \leqslant 30 \\ & x_j \geqslant 0,\ j = 1,2 \end{aligned}$$

其中 $s.t.$ 为英文“subject to”的缩写，表示决策变量 $x_j \geqslant 0,\ j = 1,2$ 受 $s.t.$ 后面的条件的约束。

这个问题看似简单，但代表了所有加工企业都会面临的一类问题（求解方法将在后面的内容里介绍）。

线性规划在现代管理中起着非常重要的作用。随着计算机应用的快速发展，线性规划已经成为企业管理中一个重要的数学工具。

让我们开始线性规划探索之旅吧！希望本章内容能帮助你解决生产生活中的一些实际问题。

3.2 用图解法求解线性规划

线性规划问题的解决一般要经过五个步骤：理解要解决的问题；定义决策变量；列出约束条件；用决策变量的线性函数式写出目标函数；求解。

当我们建立了线性规划的数学模型之后就可以求解了，求解两个变量的线性规划的常用方法是图解法，在使用图解法求解时，需要用到平面直角坐标系。

那么，首先让我们共同回忆平面直角坐标系的相关内容。平面直角坐标系通常是在同一个平面上，如图 3.3 所示。

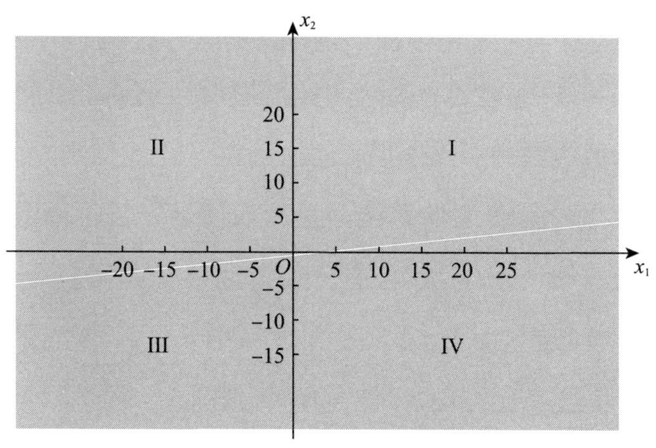

图 3.3　平面直角坐标系

有水平和竖直的两条数轴，这两条数轴相互垂直，相交于原点 O。水平的数轴叫x_1轴或横轴，取向右为正方向，竖直的数轴称为x_2轴或竖轴，取向上为正方向。这两条轴将平面分为四个象限（Ⅰ、Ⅱ、Ⅲ、Ⅳ），我们将这个平面直角坐标系记作x_1Ox_2。

在平面直角坐标系x_1Ox_2中，我们可以画出任意一条直线，例如，$2x_1+x_2=10$。我们首先构建平面直角坐标系x_1Ox_2，令$x_1=0$，解得$x_2=10$，得到点（0，10）。令$x_2=0$，解得$x_1=5$，得到点（5，0）。

连接两点，即得直线$2x_1+x_2=10$，如图3.4所示。那么直线及直线右侧区域为$2x_1+x_2 \geqslant 10$，而直线及直线左侧区域为$2x_1+x_2 \leqslant 10$。

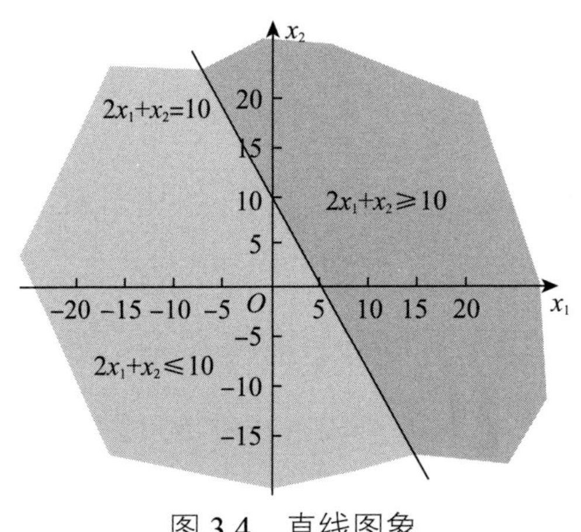

图3.4　直线图象

使用图解法并不能求解所有的线性规划问题，图解法只适用于有两个决策变量的线性规划问题。

刚刚画的是一条确切的直线，那么如何画出目标函数$f=c_1x_1+c_2x_2$呢？实际上，$f=c_1x_1+c_2x_2$并不是一条直线，而是一组平行线，这些平行线以f为参数，以$-c_1/c_2$为斜率。由c_1、c_2构成的矢量（c_1，c_2）代表目标函数$f=c_1x_1+c_2x_2$值的增大方向。

例如，我们要画出$f=x_1+5x_2$，首先要找到x_1，x_2前的系数c_1、c_2组成的点（1，5），画出矢量（1，5），做出过原点的一条直线，这条直线与矢量（1，5）是垂直的，沿着矢量（1，5）移动得到的直线，称为目标函数的等值线。沿着矢量向正方向移动，目标函数值逐渐增加；反之，沿着矢量向负方向移动，目标函数值逐渐减小。

例 2 用图解法求解例 1 给出的数学模型。

我们要求解的数学模型是

$$\begin{aligned} &\max\{f=3x_1+4x_2\} \\ &s.t.\ 2x_1+x_2\leqslant 40 \\ &\quad x_1+1.5x_2\leqslant 30 \\ &\quad x_j\geqslant 0,\ j=1,2 \end{aligned}$$

第 1 步 建立直角坐标系x_1Ox_2，见图 3.5。

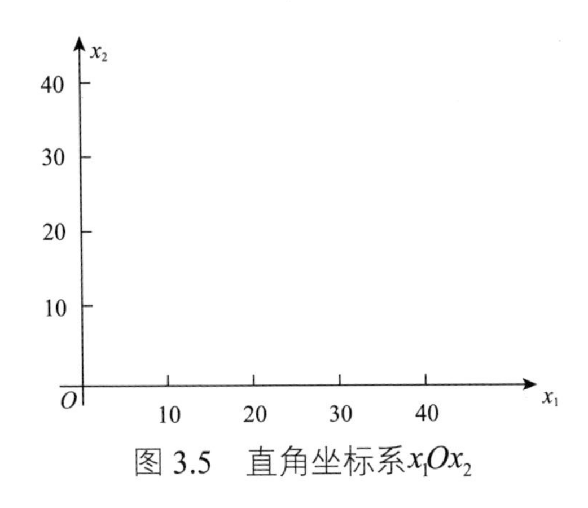

图 3.5 直角坐标系x_1Ox_2

第 2 步 画出约束条件

$$2x_1+x_2\leqslant 40\text{，}x_1+1.5x_2\leqslant 30\text{，}x_j\geqslant 0,\ j=1,2$$

满足的区域 *OABC*（称为可行域）见图 3.6。

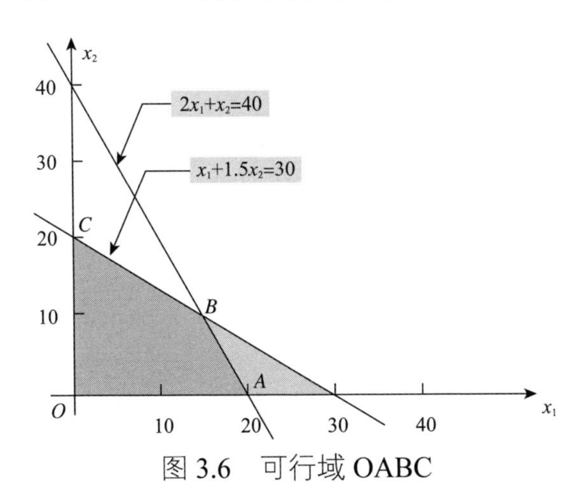

图 3.6 可行域 OABC

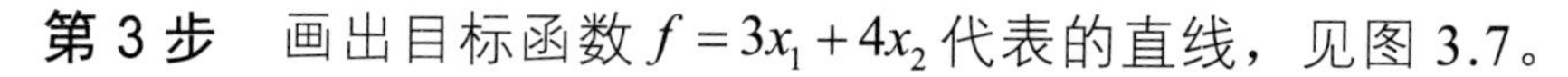

第 3 步　画出目标函数 $f=3x_1+4x_2$ 代表的直线，见图 3.7。

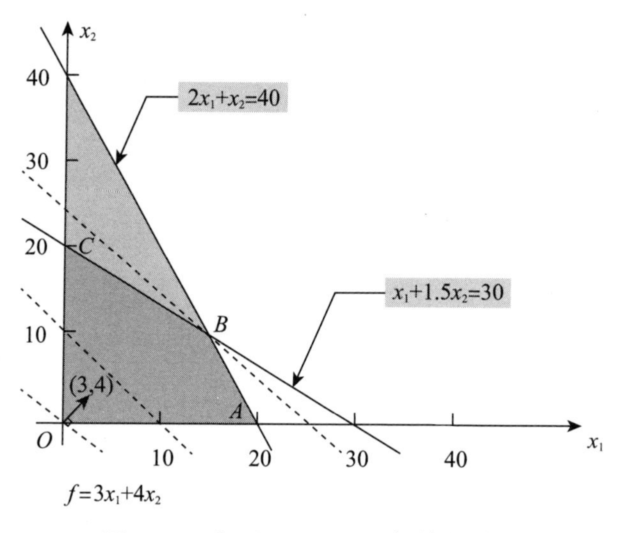

图 3.7　$f=3x_1+4x_2$ 代表的直线

第 4 步　由于目标函数 $f=3x_1+4x_2$ 的正矢量为（3，4），沿此方向平行移动到可行域 $OABC$ 的边界点 B，此时目标函数 $f=3x_1+4x_2$ 的值达到最大，点 B 称为最优解对应的点，见图 3.7。

第 5 步　找到最优解对应点的坐标，并计算目标函数 $f=3x_1+4x_2$ 的最大值。由于 B 点是两条直线

$$2x_1+x_2=40,\ x_1+1.5x_2=30$$

的交点。联立得到二元一次方程组

$$\begin{cases}2x_1+x_2=40\\ x_1+1.5x_2=30\end{cases}$$，解出 B 点坐标：$x_1=15$，$x_2=10$。

代入目标函数 $f=3x_1+4x_2$，得到最大值为 85。

例 3　用图解法求解线性规划

$$\begin{aligned}&\min\{f=2x_1+4x_2\}\\ &s.t.\ 2x_1+x_2\geqslant 14\\ &\quad x_1+x_2\geqslant 12, x_1+3x_2\geqslant 18\\ &\quad x_1\geqslant 0,\ x_2\geqslant 0\end{aligned}$$

解：先建立直角坐标系x_1Ox_2，再根据约束条件画出相应的直线，约束条件如下：

$$2x_1+x_2\geqslant 14，x_1+x_2\geqslant 12，x_1+3x_2\geqslant 18，x_1\geqslant 0，x_2\geqslant 0$$

满足约束条件的区域见图3.8阴影部分。最后画出目标函数$f=2x_1+4x_2$。它的正矢量为（2，4）。当等值线移动到图3.8中的B点时，目标函数在可行域中取最小值。

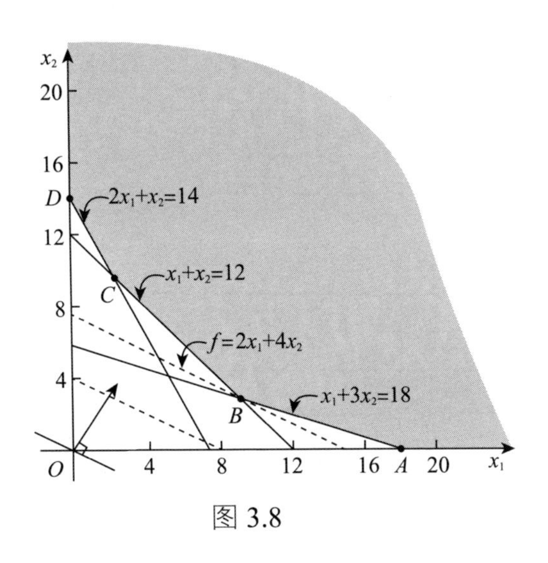

图3.8

B点是直线$x_1+x_2=12$，$x_1+3x_2=18$的交点，所以B点的坐标可以通过解如下线性方程组得到

$$\begin{cases}x_1+x_2=12\\x_1+3x_2=18\end{cases}$$

解得$x_1=9$，$x_2=3$，这就是所求线性规划问题的最优解，且$\min f=30$。

3.3 线性规划的应用

1. 最优生产计划问题

例 4 假设你是某企业的领导，你的企业现在生产 A_1，A_2，A_3 三种产品，这些产品分别需要甲、乙两种原料。生产每种产品一吨所需原料（吨）和每天原料总限量（吨）及每吨不同产品可获利润（千元 / 吨）情况如表 3.2 所示。

表 3.2 企业数据

原料 \ 产品	A_1	A_2	A_3	每天原料总限量（吨）
甲	1	2	2	100
乙	3	1	3	100
利润（千元/吨）	4	3	7	

试问，你应该如何安排生产计划才能使每天获得的利润最大？

解：第 1 步 建立该问题的数学模型

设生产产品 A_1，A_2，A_3 分别为 x_1，x_2，x_3 吨，则总利润的表达式为：

$$f = 4x_1 + 3x_2 + 7x_3$$

我们希望在现有资源条件下总利润最大，现有资源的限制为：

$$x_1 + 2x_2 + 2x_3 \leqslant 100 \quad \text{（原料甲的限制）}$$

$$3x_1 + x_2 + 3x_3 \leqslant 100 \quad \text{（原料乙的限制）}$$

此外，由于未知数（我们称为决策变量）x_1，x_2，x_3是计划产量，应有x_1，x_2，x_3为非负的限制，即$x_j \geqslant 0$，$j=1,2,3$

由此得到问题的数学模型为

$$\begin{aligned} &\max\{f=4x_1+3x_2+7x_3\} \\ &s.t.\ \ x_1+2x_2+2x_3 \leqslant 100 \\ &\qquad 3x_1+x_2+3x_3 \leqslant 100 \\ &\qquad x_j \geqslant 0,\ j=1,2,3 \end{aligned}$$

第2步　利用计算机软件求解。

利用计算机软件解出这个问题的最优解（具体解法将在后面介绍）为$x_1=0$，$x_2=25$，$x_3=25$，代入总利润的表达式$f=4x_1+3x_2+7x_3$，对应的目标函数最大值为250（千元）。由此得到企业在现有原料条件下日生产的最优安排是：

不生产产品A_1，生产产品A_2 25（吨），生产产品A_3 25（吨），每天可实现最大利润250（千元）。

这类问题也称为最优生产计划问题，这是最常见的一类决策问题。

2. 人力资源合理利用问题

所有的企事业单位都面临人力资源的合理分配问题，特别是在医疗、商业、公共交通服务等部门，由于服务时间超过8小时，而且周末要营业，所以就出现了员工轮休的安排问题。

例5　假设你是一家商场的人力资源部部长，要安排员工的轮休。你对一周内商场对售货员的需求进行统计、分析后，得到表3.3所示的数据。按照规定，售货员每周工作5天，休息2天，并要求休息的2天是连续的。

表 3.3　售货员需求统计表

时间	所需售货员人数
星期日	28
星期一	15
星期二	24
星期三	25
星期四	19
星期五	31
星期六	28

你应该如何安排售货员的轮休时间，才能既满足商场服务工作的需要，又使配备的售货员人数最少呢？

解：第 1 步　建立该问题的数学模型

首先需要明确的是，你的目标是在满足服务需要的前提下，使得聘用的售货员人数最少。因为每个售货员都工作 5 天，休息 2 天，所以只要计算出连续休息 2 天的售货员人数，也就计算出了售货员的总数。把连续休息 2 天的售货员按照开始休息的时间分成 7 类，周一开始休息的人数记作 x_1，以此类推，作各类的售货员人数分别为 x_j，j=1，2，3，4，5，6，7，即有目标函数：

$$f = x_1 + x_2 + \cdots + x_7$$

再按照每天所需售货员的人数写出约束条件，如果星期日需要 28 人，则商场中的全体售货员中除了星期六和星期日开始休息的人外，都应该上班，即有约束条件：

$$x_1 + x_2 + x_3 + x_4 + x_5 \geqslant 28$$

同理，有周一到周六的约束条件为

$$
\begin{aligned}
&\text{周一：} x_2+x_3+x_4+x_5+x_6 \geqslant 15\\
&\text{周二：} x_3+x_4+x_5+x_6+x_7 \geqslant 24\\
&\text{周三：} x_1+x_4+x_5+x_6+x_7 \geqslant 25\\
&\text{周四：} x_1+x_2+x_5+x_6+x_7 \geqslant 19\\
&\text{周五：} x_1+x_2+x_3+x_6+x_7 \geqslant 31\\
&\text{周六：} x_1+x_2+x_3+x_4+x_7 \geqslant 28
\end{aligned}
$$

这样，你就得到了该问题的数学模型：

$$
\begin{aligned}
&\min\{f=x_1+x_2+\cdots+x_7\}\\
&s.t.\ x_1+x_2+x_3+x_4+x_5 \geqslant 28\\
&\quad x_2+x_3+x_4+x_5+x_6 \geqslant 15\\
&\quad x_3+x_4+x_5+x_6+x_7 \geqslant 24\\
&\quad x_1+x_4+x_5+x_6+x_7 \geqslant 25\\
&\quad x_1+x_2+x_5+x_6+x_7 \geqslant 19\\
&\quad x_1+x_2+x_3+x_6+x_7 \geqslant 31\\
&\quad x_1+x_2+x_3+x_4+x_7 \geqslant 28\\
&\quad x_j \geqslant 0\ (j=1,2,\cdots,7)
\end{aligned}
$$

第 2 步 利用计算机软件求解。

利用计算机软件计算得到的结果是：

$$
\begin{aligned}
&x_1=12,\ x_2=0,\ x_3=11,\ x_4=0,\ x_5=5,\ x_6=0,\ x_7=8,\\
&\min f=36
\end{aligned}
$$

也就是说该商场至少需要售货员 36 人，他们的轮休安排为：

星期一 12 人休息；星期三 11 人休息；星期五 5 人休息；星期日 8 人休息。

你可以将结果代入到约束条件中验证一下，看是否真能满足需要。除此之外，你还有什么新发现？

这类问题属于人力资源问题，它的应用领域同样是非常广泛的。再进一步抽象，就可以归纳为一类决策问题，即：当某个任务确定之后，如何统筹安排，使用最少的资金、人力、物力等资源去完成该项任务。

许多其他类型的决策问题都可以转化为线性规划模型来求解。

3. 运输问题

一个企业可以有若干个生产基地与销售站点，在各生产基地的产量及销售站点的销量已知的情况下，如何制定调运方案，使某种一定数量的产品从若干个产地运到若干个销售地的总运费或总货运量最小？这类问题称为运输问题。

例 6　假如你是一家水泥企业的负责人，你的企业有三个水泥厂 A_1、A_2、A_3，四个销售中心 B_1、B_2、B_3、B_4，三个水泥厂、四个销售中心分布在不同地区。其产量、销量、运费（元/吨）见表 3.4。

表 3.4　建材公司的数据表

水泥厂 \ 销售中心	B_1	B_2	B_3	B_4	产量（吨）
A_1	8	7	3	2	2000
A_2	4	7	5	1	10000
A_3	2	4	9	6	4000
销量（吨）	3000	2000	4000	5000	

如何制定调运方案，才能使总运费最少？

解：第 1 步　建立该问题的数学模型

设由生产基地 $A_i(i=1,2,3)$ 运到销售中心 $B_j(j=1,2,3,4)$ 的货运量为 x_{ij}，如表 3.5 所示。

表 3.5 决策变量表

水泥厂＼销售中心	B1	B2	B3	B4	产量（吨）
A1	x_{11}	x_{12}	x_{13}	x_{14}	2000
A2	x_{21}	x_{22}	x_{23}	x_{24}	10000
A3	x_{31}	x_{32}	x_{33}	x_{34}	4000
销量（吨）	3000	2000	4000	5000	

则该问题的线性规划模型为：

$$\min\{f=8x_{11}+7x_{12}+3x_{13}+2x_{14}+4x_{21}+7x_{22}+5x_{23}+x_{24}+2x_{31}+4x_{32}+9x_{33}+6x_{34}\}$$

$$\begin{aligned} s.t.\ & x_{11}+x_{12}+x_{13}+x_{14}\leqslant 2000 \\ & x_{21}+x_{22}+x_{23}+x_{24}\leqslant 10000 \\ & x_{31}+x_{32}+x_{33}+x_{34}\leqslant 4000 \\ & x_{11}+x_{21}+x_{31}\geqslant 3000 \\ & x_{12}+x_{22}+x_{32}\geqslant 2000 \\ & x_{13}+x_{23}+x_{33}\geqslant 4000 \\ & x_{14}+x_{24}+x_{34}\geqslant 5000 \\ & x_{ij}\geqslant 0,\ i=1,2,3;\ j=1,2,3,4 \end{aligned}$$

第 2 步 利用计算机软件求解。

利用计算机软件计算得到结果，并将结果填入表 3.6，得到最佳运输方案，见表 3.6，最小运费为 37000 元。

表 3.6 最佳运输方案

水泥厂＼销售中心	B1	B2	B3	B4	产量（吨）
A1	0	0	2000	0	2000
A2	1000	0	2000	5000	10000
A3	2000	2000	0	0	4000
销量（吨）	3000	2000	4000	5000	

你可以通过结果验证约束条件是否满足需要，除此之外，你还有什么新发现？

4. 合理下料问题

例 7 现有一批长度一定的钢管，由于生产需要，要求截出不同规格的钢管若干，如图 3.9 所示。试问要如何下料，才能既满足生产的需要，又使得使用的原材料钢管数量最少或废料最少？具体问题：料长 7.4m，截成 2.9m，2.1m，1.5m 分别为 1000 根，2000 根，1000 根。如何截取能使得总用料最省？

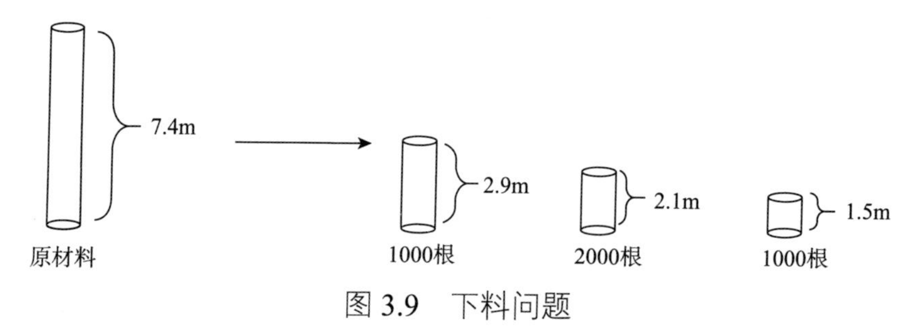

图 3.9 下料问题

解：把所有可能的下料方式（用 B_i 表示，i=1，2，…，8）按照从料长 7.4m 的原材料上得到的不同规格钢管的根数、残料长度，以及需要量列于表 3.7 中。例如，按照下料方式 B_1，可以得到 2.9m 钢管 2 根，1.5m 钢管 1 根。

表 3.7 下料方式

钢管规格 \ 下料方式	B_1	B_2	B_3	B_4	B_5	B_6	B_7	B_8	需要量(根)
2.9m	2	1	1	1	0	0	0	0	1000
2.1m	0	0	2	1	2	1	3	0	2000
1.5m	1	3	0	1	2	3	0	4	1000
残料长度(m)	0.1	0	0.3	0.9	0.2	0.8	1.1	1.4	

问题转化为每种下料方式各用多少根 7.4m 的原料。设 x_1，x_2，…，x_8 分别为按照 B_1，B_2，…，B_8 方式下料的原料根数。则得到问题的线性规划模型为：

$$\begin{aligned} &\min\{f = x_1 + x_2 + \cdots + x_8\} \\ &s.t.\ 2x_1 + x_2 + x_3 + x_4 \geqslant 1000 \\ &\quad\ \ 2x_3 + x_4 + 2x_5 + x_6 + 3x_7 \geqslant 2000 \\ &\quad\ \ x_1 + 3x_2 + x_4 + 2x_5 + 3x_6 + 4x_8 \geqslant 1000 \\ &\quad\ \ x_j \geqslant 0 \quad (j = 1, 2, \cdots, 8)，\text{且为整数。} \end{aligned}$$

其解为 $x=(0, 200, 800, 0, 200, 0, 0, 0)^T$，$\min f=1200$（根）。最佳下料方案为：

方式 B_2：截 200 根；方式 B_3：截 800 根；方式 B_5：截 200 根；其他方式为截 0 根。

3.4 线性规划的计算机解法

在前面的学习中，我们已经了解了如何运用图解法来解决线性规划问题。我们知道，图解法适用于含有两个变量的线性规划问题的求解，那么含有两个以上变量的线性规划问题应该用什么方法进行求解呢？是否可以通过其他的方法来求解线性规划问题呢？

单纯形法是求解线性规划问题的一种通用方法，由美国数学家丹兹格于 1947 年提出。单纯形法是一种数学模型的计算方法。人们根据单纯形法编写了各种软件，用于解决各类线性规划问题。

接下来为大家介绍几种基于软件的、较为简单的解决方法：

WinQSB 是基于单纯形法编制的程序，是处理线性规划问题比较简便的方法之一。WinQSB 是一种教学软件，对于非大型的问题（决策变量个数小于 300，约束表达式个数小于 150）都能够计算，特别适合多媒体课堂教学。但 WinQSB 软件存在一个问题：它仅支持 32 位系统，64 位系统只能通过虚拟机运行。此外还有 LINDO 软件、SAS 软件、MATLAB 软件、Excel 表格等。我们这里只介绍简便易用的 Excel 表格法。

使用 Excel 表格法来解决线性规划问题的优势有两点：一是对电脑的配置要求不高，二是兼容性较好。

办公软件 Office2016 中的 Excel 自带求解线性规划和非线性规划的功能，默认状态为不启用，只需简单的几步操作就可以将这一功能调用出来。下面我们首先来讲一讲，如何调用 Excel 的规划求解功能。

第一步，打开 Excel，单击“文件”菜单命令，找到“选项”；

第二步，单击“选项”，在弹出的窗口中找到“加载项”；

第三步，单击“加载项”，在弹出的窗口中找到“Excel 加载项”；

第四步，单击“Excel 加载项”旁边的“转到”按钮，在弹出的“加载宏”小窗口中找到“规划求解加载项”；

第五步，选中“规划求解加载项”，并单击“确定”按钮。

完成了以上步骤，Excel 中的规划求解功能就被调用出来了。在 Excel 界面中单击“数据”选项卡，会发现右上角有一个“规划求解”按钮。这样我们就可以使用 Excel 表格法来求解线性规划问题了。

例 8 用 Excel 表格法来求解线性规划问题

$$
\begin{aligned}
&\max\{f=15x_1+10x_2+7x_3+13x_4+9x_5\}\\
&s.t.\ 5x_1+10x_2+7x_3\leqslant 8000\\
&\qquad 6x_1+4x_2+8x_3+6x_4+4x_5\leqslant 12000\\
&\qquad 3x_1+2x_2+2x_3+3x_4+2x_5\leqslant 10000\\
&\qquad x_j\geqslant 0,\ j=1,2,3
\end{aligned}
$$

解： 首先在 Excel 中按照图 3.10 所示的格式输入目标函数和约束条件的系数。其中，“最优值”一行在“变量”一行下方，无需输入任何数字，用于输出问题最终的最优值，用 Excel 来求解线性规划问题的编辑公式界面如图 3.10 所示。

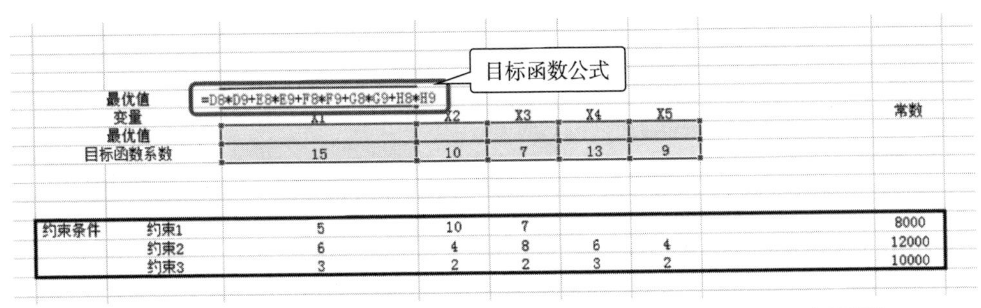

图 3.10　用 Excel 表格法来求解线性规划问题的编辑公式界面

编辑约束条件公式，每一个约束条件公式都按此方式编辑，见图 3.11。

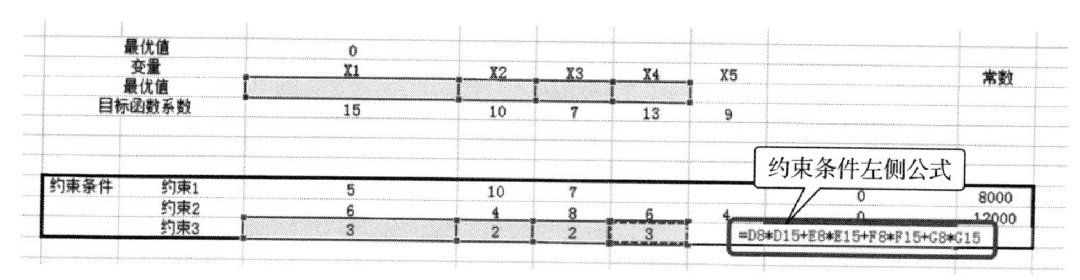

图 3.11　编辑约束条件公式

调用规划求解命令，如图 3.12 所示。选中相应的单元格，并添加约束条件不等式。

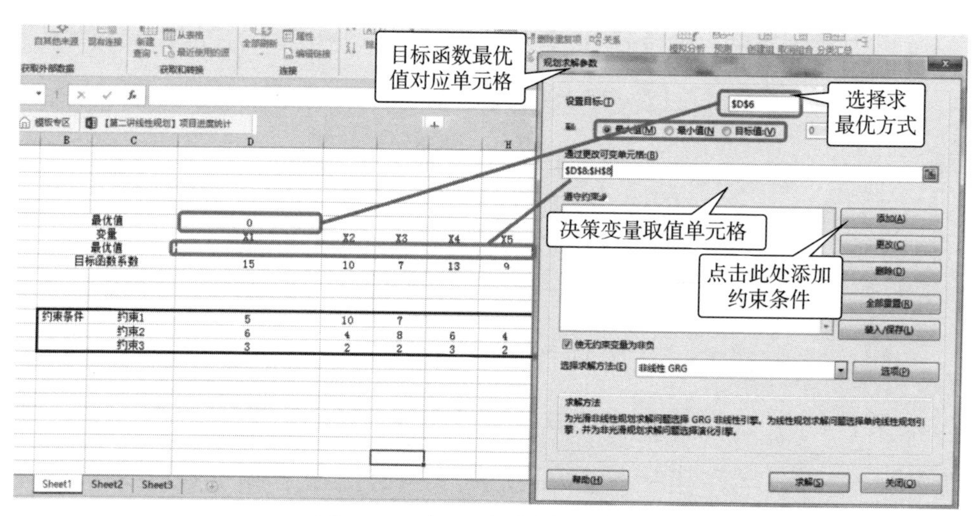

图 3.12　调用规划求解命令

添加约束条件的方法如图 3.13 所示。

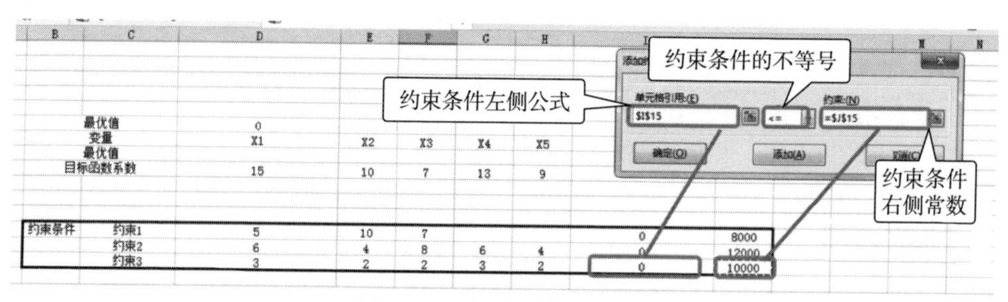

图 3.13　添加约束条件

选定变量非负条件，单击“求解”按钮，即可得到问题的最优解，如图 3.14 所示。

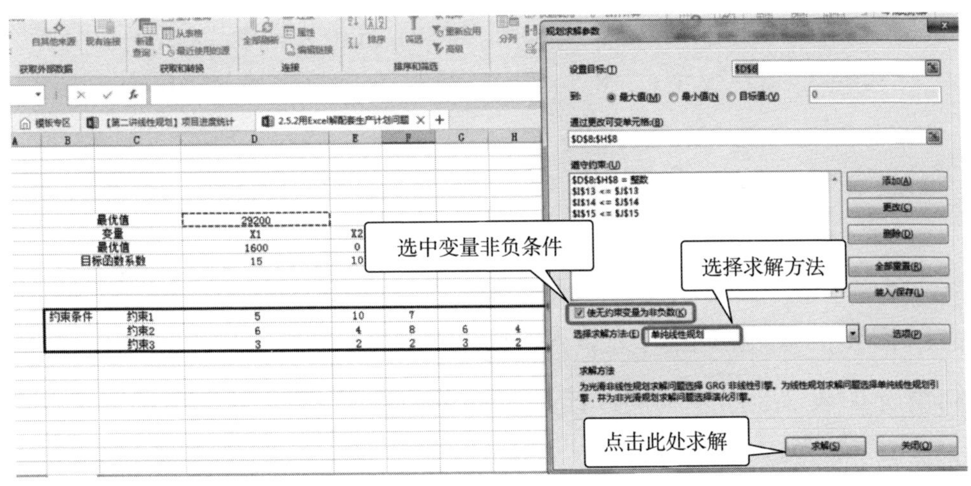

图 3.14　求解

最优解和最优值输出在指定单元格内，如图 3.15 所示。

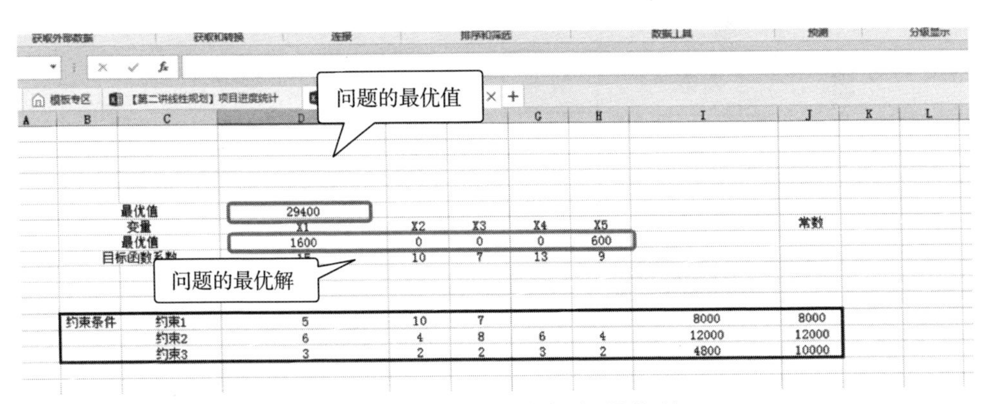

图 3.15　输出最优解和最优值

可知最优解与最优值分别为：

$$x^* = (x_1, x_2, x_3, x_4, x_5)^T = (1600, 0, 0, 0, 600)^T, \max f = 29400$$

练习题

1. 用图解法求解以下各题：

(1) $\max\{f = 2.5x_1 + 2x_2\}$

$s.t.\ 2x_1 + x_2 \leqslant 8$

$0.5x_1 \leqslant 1.5$

$x_1 + 2x_2 \leqslant 10$

$x_1,\ x_2 \geqslant 0$

(2) $\min\{f = -3x_1 + 2x_2\}$

$s.t.\ -x_1 + 4x_2 \leqslant 10$

$2x_1 - x_2 \leqslant 7$

$x_1 - 3x_2 \leqslant 1$

$x_1,\ x_2 \geqslant 0$

2. 工厂在计划期内要安排生产甲、乙两种产品，生产单位产品所需要的设备（台时），A、B 两种原材料的消耗以及资源的限制情况如表 3.8 所示。问：该工厂应分别生产多少甲产品和乙产品，才能使工厂获利最大？

表 3.8　原材料消耗及资源限制

资源＼产品	甲	乙	资源限制
设备	1	1	300台时
原料A	2	1	400kg
原料B	0	1	250kg
利润(元/单位产品)	500	400	

要求：

（1）建立该问题的线性规划模型，用图解法求解。

（2）给出最优生产计划。

3. 医院的护士需要 24 小时值班，每次值班 8 小时，不同时段需要的护士人数不等。如果你是医院人力资源部门的主管，要做好护士的轮值安排，你该如何决策，才能既满足工作需要又使得雇用的护士人数最少？据统计，各时段所需护士的最少人数如表 3.9 所示。

表 3.9 各时段所需护士的最少人数

序号	时段	所需要护士的最少人数
1	06:00 ~ 10:00	60
2	10:00 ~ 14:00	70
3	14:00 ~ 18:00	60
4	18:00 ~ 22:00	50
5	22:00 ~ 02:00	20
6	02:00 ~ 06:00	30

要求：

（1）建立数学模型并用 Excel 表格法求解；

（2）给出护士轮值计划及雇用护士的总人数；

（3）验证轮值计划是否满足约束条件。

4. 利用 Excel 表格法求解例 4 中的线性规划模型：

$$
\begin{aligned}
&\max\{f = 4x_1 + 3x_2 + 7x_3\} \\
&s.t.\ \ x_1 + 2x_2 + 2x_3 \leqslant 100 \\
&\qquad 3x_1 + x_2 + 3x_3 \leqslant 100 \\
&\qquad x_j \geqslant 0,\ j = 1, 2, 3
\end{aligned}
$$

5. 利用 Excel 表格法求解例 5 中的线性规划模型：

$$
\begin{aligned}
&\min\left\{f = x_1 + x_2 + \cdots + x_7\right\} \\
&s.t.\ \ x_1 + x_2 + x_3 + x_4 + x_5 \geqslant 28 \\
&\qquad x_2 + x_3 + x_4 + x_5 + x_6 \geqslant 15 \\
&\qquad x_3 + x_4 + x_5 + x_6 + x_7 \geqslant 24 \\
&\qquad x_1 + x_4 + x_5 + x_6 + x_7 \geqslant 25 \\
&\qquad x_1 + x_2 + x_5 + x_6 + x_7 \geqslant 19 \\
&\qquad x_1 + x_2 + x_3 + x_6 + x_7 \geqslant 31 \\
&\qquad x_1 + x_2 + x_3 + x_4 + x_7 \geqslant 28 \\
&\qquad x_j \geqslant 0\ (j = 1, 2, \cdots, 7)
\end{aligned}
$$

6. 利用 Excel 表格法求解例 6 中的线性规划模型

$$
\begin{aligned}
\min\{f = & 8x_{11}+7x_{12}+3x_{13}+2x_{14}+4x_{21}+7x_{22} \\
& +5x_{23}+x_{24}+2x_{31}+4x_{32}+9x_{33}+6x_{34}\} \\
s.t.\ & x_{11}+x_{12}+x_{13}+x_{14} \leqslant 2000 \\
& x_{21}+x_{22}+x_{23}+x_{24} \leqslant 10000 \\
& x_{31}+x_{32}+x_{33}+x_{34} \leqslant 4000 \\
& x_{11}+x_{21}+x_{31} \geqslant 3000 \\
& x_{12}+x_{22}+x_{32} \geqslant 2000 \\
& x_{13}+x_{23}+x_{33} \geqslant 4000 \\
& x_{14}+x_{24}+x_{34} \geqslant 5000 \\
& x_{ij} \geqslant 0,\ i=1,2,3;\ j=1,2,3,4
\end{aligned}
$$

7. 利用 Excel 表格法求解例 7 中的线性规划模型：

$$
\begin{aligned}
\min\{f = & x_1+x_2+\cdots+x_8\} \\
s.t.\ & 2x_1+x_2+x_3+x_4 \geqslant 1000 \\
& 2x_3+x_4+2x_5+x_6+3x_7 \geqslant 2000 \\
& x_1+3x_2+x_4+2x_5+3x_6+4x_8 \geqslant 1000 \\
& x_j \geqslant 0\ (j=1,2,\cdots,8)，且为整数。
\end{aligned}
$$

第4章

动态规划初步

4

导 言

在现实生活中，有一类活动，由于它的特殊性，可将活动过程分成若干个互相联系的阶段，在它的每一阶段都需要做出最佳决策，从而使整个过程达到最好的活动效果。当然，各个阶段决策的选择不是任意确定的，它依赖于当前的状况，又影响以后的发展，当各个阶段的决策确定后，就组成了一个决策序列，因而也就确定了整个过程的活动路线。

这种把一个问题看作是一个前后关联的具有链状结构的多阶段过程就称为多阶段决策过程，这种问题称为多阶段决策问题。

动态规划是求解多阶段决策问题的一种技术。这种技术在战略上追求全局最优化，在战术上遵循“稳扎稳打，步步为营”的原则。因此，在工程技术、经济管理等各个领域都有着广泛的应用，并且取得了显著的效果。

4.1 动态规划的求解思想

我们来看一个实际应用问题。

例 1　某公司要从 S 城运送一批货物到 E 城，两城之间有公路相连，如图 4.1 所示。其中 A，B，C 是可供选择的途经站点，各点连线上的数字表示相邻站点间的距离（单位：100km），现在的问题是：选择一条由 S 到 E 的路径，使得货运路程最短。

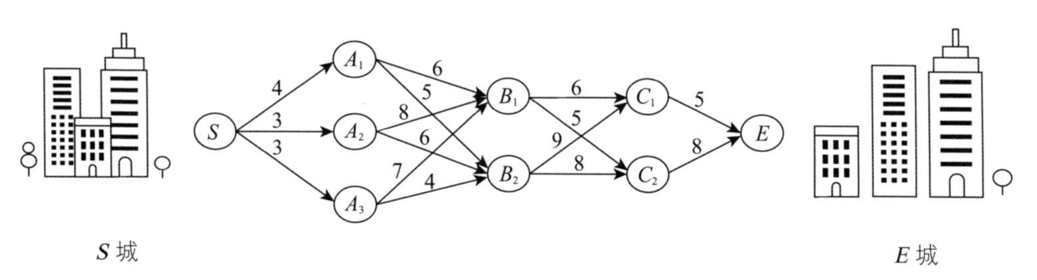

图 4.1　S 城到 E 城的公路网络

动态规划解决问题的基本思想是：把比较复杂的问题划分为若干阶段，逐段求解，最终取得全局最优结果。这种“分而治之，逐步调整”的方法，是解决多阶段决策问题的有效方法。

我们把上述问题划分为 4 个阶段，如图 4.2 所示。

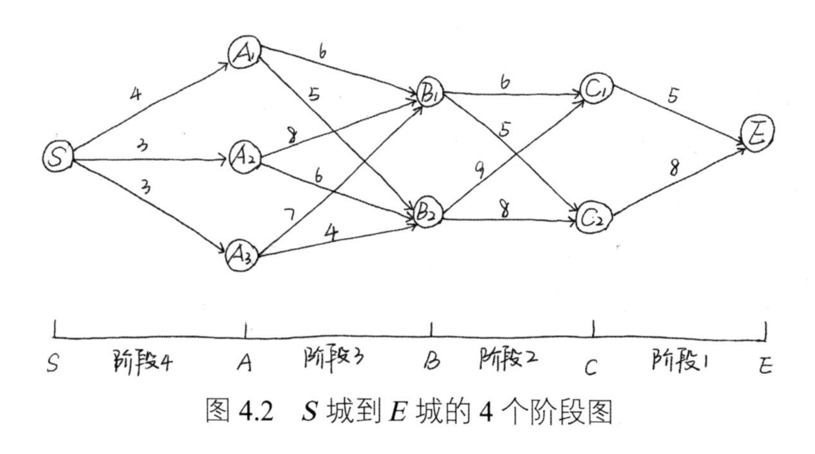

图 4.2　S 城到 E 城的 4 个阶段图

阶段 4 的任务是选择从 S 到 A 的最佳路径，即从 S 出发，从 $S \to A_1$，$S \to A_2$，$S \to A_3$ 中选择一条路径；

阶段 3 的任务是选择从 A 到 B 的最佳路径，即从 A 中的出发点 A_1（或 A_2，A_3）出发，从 A_1（或 A_2，A_3）$\to B_1$，A_1（或 A_2，A_3）$\to B_2$ 中选择一条路径；

阶段2的任务是选择从B到C的最佳路径,即从B中的出发点B_1(或B_2）出发，从 B_1（或 B_2）$\to C_1$，B_1（或 B_2）$\to C_2$ 中选择一条路径；

阶段 1 的任务是选择从 C 到 E 的最佳路径，即从 C 中的出发点 C_1（或 C_2）出发，从 C_1（或 C_2）$\to E$ 中选择一条路径，此阶段的选择是唯一的。

从上述分析我们观察到，每一个阶段都有许多选择，选择不同，结果不同。我们的任务是选择一条从 S 到 E 的最短路径。

当然，我们可以用枚举法，找出从 S 到 E 的所有路径，计算每条路径的距离，从中选出最短路径，见表 4.1。

表 4.1　从 S 到 E 的所有路径

路径序号	路径	起止距离
1	$S \to A_1 \to B_1 \to C_1 \to E$	4+6+6+5=21
2	$S \to A_1 \to B_1 \to C_2 \to E$	4+6+5+8=23
3	$S \to A_1 \to B_2 \to C_1 \to E$	4+5+9+5=23
4	$S \to A_1 \to B_2 \to C_2 \to E$	4+5+8+8=25
5	$S \to A_2 \to B_1 \to C_1 \to E$	3+8+6+5=22
6	$S \to A_2 \to B_1 \to C_2 \to E$	3+8+5+8=24
7	$S \to A_2 \to B_2 \to C_1 \to E$	3+6+9+5=23
8	$S \to A_2 \to B_2 \to C_2 \to E$	3+6+8+8=25
9	$S \to A_3 \to B_1 \to C_1 \to E$	3+7+6+5=21
10	$S \to A_3 \to B_1 \to C_2 \to E$	3+7+5+8=23
11	$S \to A_3 \to B_2 \to C_1 \to E$	3+4+9+5=21
12	$S \to A_3 \to B_2 \to C_2 \to E$	3+4+8+8=23

比较可知，最短路径为：

$S \to A_1 \to B_1 \to C_1 \to E$；

$S \to A_3 \to B_1 \to C_1 \to E$；

$S \to A_3 \to B_2 \to C_1 \to E$。

最短路径距离为 21（100km），即 2100km。

但是枚举法只能处理简单的问题，当阶段数量很多，各阶段的不同选择也很多时，枚举法的计算量将是极其庞大的。

下面结合最短路径问题，介绍使用动态规划解决多阶段决策问题的过程。

解决多阶段决策问题可采用逆推思维。如何用逆推思维来解决这个问题呢？首先，我们先来界定几个概念。

我们称由某点到终点的阶段数 k 为阶段变量，在例 4.1 中，由 C 点到终点 E 的阶段数 k=1，由 B 点到终点 E 的阶段数 k=2，由 A 点到终点 E 的阶段数 k=3，由 S 点到终点 E 的阶段数 k=4。

任一阶段开始时所处的位置，我们称之为状态变量，在阶段 k 的状态变量记为 S_k。例如：S_3 为阶段 3 开始时所处的位置，称 S_3 为阶段 3 的状态变量，可以取 A_1、A_2、A_3 中的任意一个。

我们把描述决策的变量称为决策变量，在阶段 k 的决策变量记为 X_k，例如，在阶段 2 的状态取 S_2=B_2 时的决策变量，记为 $X_2(B_2)$，它可以取 C_1，C_2。若 X_2（B_2）=C_2，则表示由 B_2 到 C_2，从而决定了下一步的状态是 C_2，以此类推。

对于距离的表述中，我们以 d（S_k，X_k (S_k)）表示在阶段 k 的阶段变量为 S_k，决策变量为 X_k (S_k) 时点 S_k 与 $X_k(S_k)$ 之间的距离，例如，d（A_1，B_1）表示在阶段变量 S_3 取 A_1，决策变量 $X_3(A_1)$ 取

B_1 时点 A_1 与 B_1 之间的距离。用 $f_k(S_k)$ 表示为在阶段 k 由点 S_k 到终点 E 的最短路径的长度。例如，$f_3(A_1)$ 表示点 A_1 到 E 的最短距离。在最短路径问题中，我们要求的就是 $f_4(S)$。接下来，我们就来探究这个最短路径问题。

在阶段 1：S_1 可以取 C_1、C_2 中任意一个。能够得出 C_1 到 E 的最短距离 $f_1(C_1)=5$，相应的，C_2 到 E 的最短距离 $f_1(C_2)=8$。

在阶段 2：S_2 可以取 B_1、B_2 中任意一个。如果 S_2 取 B_1，则从 B_1 出发可选择 C_1、C_2 中任意一个。因此

$$f_2(B_1)=\min\begin{Bmatrix} d(B_1,C_1)+f_1(C_1) \\ d(B_1,C_2)+f_1(C_2) \end{Bmatrix}=\min\begin{Bmatrix} 6+5 \\ 5+8 \end{Bmatrix}=11$$

B_1 到 E 的最短路径为 $B_1\to C_1\to E$，最短距离为 $f_2(B_1)=11$。同理可得

$$f_2(B_2)=\min\begin{Bmatrix} d(B_2,C_1)+f_1(C_1) \\ d(B_2,C_2)+f_1(C_2) \end{Bmatrix}=\min\begin{Bmatrix} 9+5 \\ 8+8 \end{Bmatrix}=14$$

B_2 到 E 的最短路径为 $B_1\to C_1\to E$，最短距离为 $f_2(B_2)=14$。

在阶段 3：S_3 可以取 A_1、A_2、A_3 中任意一个。类似于阶段 2 的计算，又有

$$f_3(A_1)=\min\begin{Bmatrix} d(A_1,B_1)+f_2(B_1) \\ d(A_1,B_2)+f_2(B_2) \end{Bmatrix}=\min\begin{Bmatrix} 6+11 \\ 5+14 \end{Bmatrix}=17$$

对应的最短路径为 $A_1\to B_1\to C_1\to E$，最短距离为 $f_3(A_1)=17$。

$$f_3(A_2)=\min\begin{Bmatrix} d(A_2,B_1)+f_2(B_1) \\ d(A_2,B_2)+f_2(B_2) \end{Bmatrix}=\min\begin{Bmatrix} 8+11 \\ 6+14 \end{Bmatrix}=19$$

对应的最短路径为 $A_2\to B_1\to C_1\to E$，最短距离为 $f_3(A_1)=19$。

$$f_3(A_3)=\min\begin{Bmatrix}d(A_3,B_1)+f_2(B_1)\\d(A_3,B_2)+f_2(B_2)\end{Bmatrix}=\min\begin{Bmatrix}7+11\\4+14\end{Bmatrix}=18$$

对应的最短路径有两条，分别为

$A_3\to B_1\to C_1\to E$

$A_3\to B_2\to C_1\to E$

最短距离为$f_3(A_1)=18$。

在阶段4：S_4只能取S，对应的有

$$f_4(S)=\min\begin{Bmatrix}d(S,A_1)+f_3(A_1)\\d(S,A_2)+f_3(A_2)\\d(S,A_3)+f_3(A_3)\end{Bmatrix}=\min\begin{Bmatrix}4+17\\3+19\\3+18\end{Bmatrix}=21$$

对应的最短路径有3条，分别为

$S\to A_1\to B_1\to C_1\to E$

$S\to A_3\to B_1\to C_1\to E$

$S\to A_3\to B_2\to C_1\to E$

最短距离为$f_4(S)=21$。

以上我们通过一个简单具体的多阶段决策问题，介绍了解决此类问题的动态规划方法。这与枚举法得出的结论是完全相同的，但是这种方法在解决多阶段问题中有着明显的优势。我们观察动态规划解决最短路径问题时是逆向逐段求出各点到终点E的最短路径的，在求解的每一步都利用阶段k和阶段$k-1$之间的递推关系：

$$\begin{cases}f_k(S_k)=\min\limits_{X_k(S_k)}\{d(S_k,X_k(S_k))+f_{k-1}(X_k(S_k))\}\\k=2,3,\cdots,\mathrm{n}\\f_1(S_1)=d(S_1,X_1(S_1))\end{cases}$$

我们称此关系为最短路径问题的动态规划基本方程。

4.2 贝尔曼最优化原理

最短路径问题只是动态规划中的一类问题，推广到多阶段决策问题时，可以表述为下面的贝尔曼最优化原理。

贝尔曼最优化原理：一个过程的最优策略具有这样的性质，即无论其初始状态和初始决策如何，其后的诸决策，对以第一个决策所形成的状态作为初始状态的过程而言，必须构成最优策略。

这个原理是动态规划问题寻找最优策略（如最短路径）的理论基础。应用动态规划方法解决多阶段决策问题时，其求解过程如下：

（1）把实际问题适当地划分成n个阶段，阶段变量为k，$k=1$，2，…，n；

（2）在每个阶段k，确定状态变量S_k及此阶段可能的状态集合$\{S_k\}$；

（3）确定决策变量$X_k(S_k)$及每个阶段k的允许决策集合$\{X_k(S_k)\}$；

（4）列出递推关系，即动态规划基本方程：

$$\begin{cases} f_k(S_k)=\min\limits_{X_k(S_k)}\{d(S_k,X_k(S_k))+f_{k-1}(X_k(S_k))\} \\ k=2,3,\cdots,\mathrm{n} \\ f_1(S_1)=d(S_1,X_1(S_1)) \end{cases}$$

动态规划问世以来，在经济管理、生产调度、工程技术等方面得到了广泛的应用，例如，库存管理、资源分配、设备更新、排序、装载等问题，用动态规划方法比用其他方法求解更为方便。要想真正掌握动态规划的精髓，还需要对动态规划进一步深入了解。复杂问题需要用计算机软件解决。

阅读材料

1. 动态规划与贝尔曼

动态规划（dynamic programming）是运筹学的一个分支，是求解多阶段决策问题最优化的数学方法。

贝尔曼（R. Bellman，1920—1984），美国数学家，美国全国科学院院士，动态规划的创始人。1920年8月26日出生于美国纽约。1946年，在普林斯顿大学获得博士学位，因其在研究多阶段决策过程中提出了动态规划而闻名于世。

1955年后，贝尔曼（见图4.3）开始研究算法、计算机仿真和人工智能，把建模与仿真等数学方法应用于工程、经济、社会和医学等领域，成就斐然。

图4.3　R.Bellman

在研究、解决了某些实际问题的基础上，他于1957年出版了《动态规划》这一名著，该书出版后，被迅速译成俄文、日文、德文和法文，在控制理论界和数学界都产生了深远的影响。

2. 贾思勰与《齐民要术》

贾思勰，北魏时期的科学家，益都（在今山东寿光南）人，祖、父两代都善于经营，有着丰富的劳动经验，并都非常重视农业技术方面的学习和研究。

贾思勰从小在田园长大，对很多农作物都非常熟悉，他还跟着父亲参加各种农业劳动，掌握了大量的农业科技知识。他家中有大量藏书，这使他从小就有机会从中汲取各方面的知识，也为他以后编撰《齐民要术》打下了基础。

大约在北魏永熙二年（533 年）到东魏武定二年（554 年）期间，贾思勰将自己积累的古书上的农业技术资料、从农民那里获得的丰富经验以及他自己的亲身实践，加以分析、整理、总结，撰写了农业科学技术巨著《齐民要术》。

《齐民要术》一书，不仅是一部杰出的古代农业科学学术著作，也是一部蕴含丰富运筹思想的宝贵文献，它记载了我国古代农民如何根据天时、地利和生产条件去合理筹划农事。《齐民要术》很重视对农业生产、科学技术与经济效益的综合分析，描述了多种经营的可行性，使农民的收入有所增加。书中种白杨一节，预算了可得收入：1 亩 3 垄，1 垄 720 穴，1 穴屈折插 1 杨枝，两头出土，1 亩可得 4320 株，3 年可为蚕架的横档木，5 年可做屋椽，10 年能充栋梁。以售卖蚕架横档木计算，1 根 5 钱，1 亩岁收 21600 文，1 年若种 10 亩，3 年一轮，那么收入将相当可观。书中还介绍了许多以小本钱赚大钱的方法，可以说处处体现了统筹、规划的运筹思想。

练习题

1. 设在 E 城的某公司要从 A 城运送一批货物，两城之间有公路相连（如图 4.4 所示），其中 $A_i(i=1,2,3)$、$B_j(j=1,2)$、$C_l(l=1,2,3)$ 是可供选择的途经站点，各点连线上的数字表示相邻站点间的距离（单位：千米）。现在的问题是选择一条由 A 到 E 的最短路径，使得运送货物的成本最低。

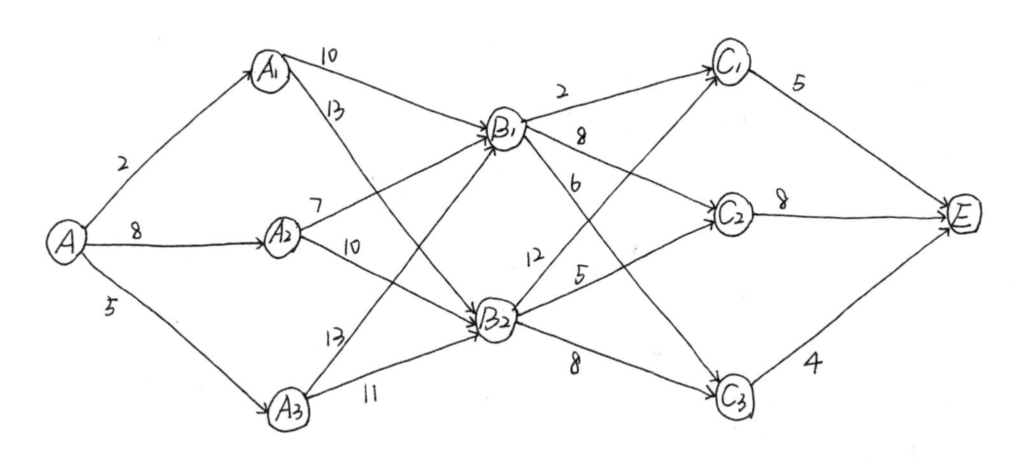

图 4.4　A 城到 E 城的路径图

2. 某石油公司计划从 A 地到 E 地铺设一条石油输送管道，为此在 A 地与 E 地之间必须建立三个油泵加压站。如图 4.5 所示，B、C、D 分别为必须建站的地区，而 B_1、B_2、B_3、C_1、C_2、C_3、D_1、D_2 分别为可供选择的站点，各站点连线上的数字表示相邻站点间铺设输送管道所需的费用。

问：如果由你负责设计，你会如何给出铺设石油输送管道的路线，从而使总费用最少？

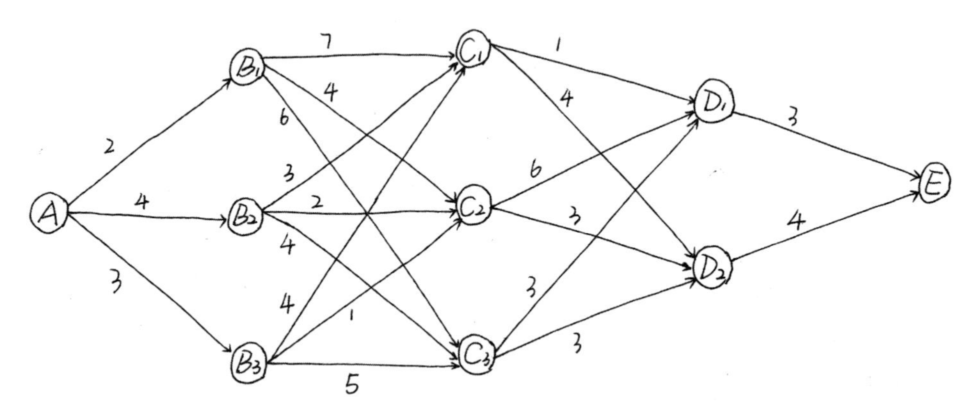

图 4.5　*A* 地到 *E* 地的路径及费用图

第5章

决策分析概述

5

导　言

决策，简言之，就是采取什么样的方法去解决问题。决策在我们的学习、工作和生活中起着非常重要的作用。小到一个家庭的发展，大到一个企业的壮大，一个国家的富强，没有科学的决策，都将会造成严重的后果。

《孙子兵法·谋攻第三》里讲到，知胜有五：知可战与不可战者胜，识众寡之用者胜，上下同欲者胜，以虞待不虞者胜，将能而君不御者胜。孙子列举的五种取胜情形，都包含了一个重要的内容，那就是决策者要具备决策分析的能力，才能取得最终的胜利。

决策分析是人们为了达到预期的目的，从所有的可供选择的多个方案中，找出最佳方案的一种活动。相对于仅凭经验的决策，统计型决策分析是在应用数学和统计原理相结合的基础上发展起来的，在经济、管理等诸多领域有着非常广泛的应用。

5.1 决策的重要性

关于决策的重要性，著名的诺贝尔经济学获奖者西蒙（H.A.Simon，1916—2001）说过：管理就是决策，管理的核心就是决策。决策是管理的中心，决策贯穿管理的全过程。西蒙认为，任何作业开始之前都要先做决策，制定计划就是决策，组织、领导和控制也都离不开决策。

1. 科学决策的程序

首先，我们来看一下决策程序，如图 5.1 所示。决策过程是由一系列分析与综合、认识与判断的环节组成的，为了减少决策失误，必须有科学的决策程序，主要包括以下环节：

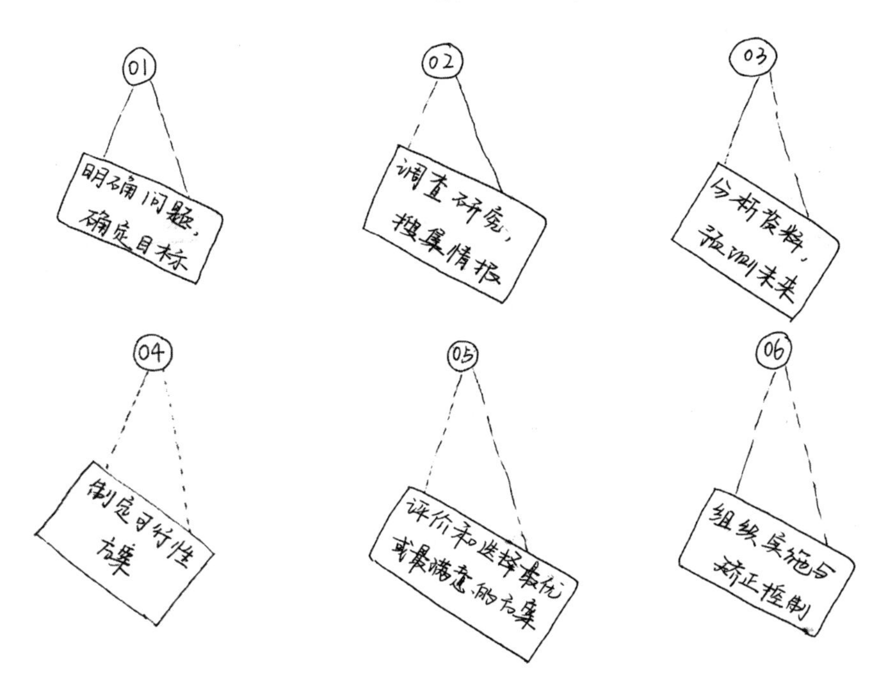

图 5.1　决策的 6 个主要环节

（1）明确问题，确定目标

指决策者根据面临的情况，明确问题，抓住要点，确定目标。主要从期望达到的结果与客观条件的制约两方面来考虑，即从需要与可能的统一进行研究，目标应当明确。客观条件主要指资源和决策环境。如《三国演义》中东吴面临曹操大军进攻时，是应战反击还是投降求和？只有确定了目标，才能制定相应的策略。

（2）调查研究，搜集情报

决策者根据决策目标搜集相关的情报资料。要特别重视情报、资料的真实性与完整性，只有在完整、可靠的情报资料的基础上，才能做出科学的决策。在现代信息社会，未来的战争将会是“兵马未动，信息先行”。不管是军事作战还是经济管理，只有通过调查研究，搜集情报，做到“知己知彼”，才能做出最佳的决策。

（3）分析资料，预测未来

决策者对搜集的情报资料加以分析、整理，去粗取精，去伪存真，对事物的发展前景做出科学性预测，对各种可能性提供必要的评估和论证，为制定、评价各种可行性方案准备条件。情报的准确性，直接导致决策的成功或失败。例如，《三国演义》赤壁之战中周瑜提供给蒋干的假情报是导致战役失败的重要原因之一。古今中外的情报战，都是敌我双方为最终达成军事斗争的胜利、保障己方的利益而展开的以争夺信息控制为中心的情报系统的对抗。取得情报优势，是军事斗争胜利的重要保证。

（4）制定可行性方案

指决策者在上述准备工作的基础上拟定的若干个可行性方案。没有高水平的可行性方案，就没有高水平的决策。在这个阶段，决策者以及参谋群体的智慧水平、情报的准确性以及“知己知彼”的程度决定了可行性方案的水平高低。

（5）评价和选择最优或最满意的方案

指决策者按照一定的评价准则和评价方法从众多可行性方案中选择最优方案。

（6）组织实施与矫正控制

指方案确定后，决策者要有周密的计划、严密的组织，且指定一位得力的执行者来实施这个方案。对执行过程中出现的新情况、新问题要有预案，及时对原方案进行调整，做到有力控制。在古代，由于信息传递困难，预案常以决策者授予执行任务的将领的锦囊的形式存在。

2. 统计型决策涉及的4个要素

下面，我们来重点介绍如何选择最优方案，这属于统计型决策范畴，换句话说，是依靠数据从众多可行性方案中做出选择。统计型决策涉及4个要素：

（1）两个或两个以上的可行性方案，记方案集合为

$A=\{A_1, A_2, \cdots, A_m\}$，其中 A_i 代表第 i 个可行性方案。

（2）未来可能面临的各种不可控的状况（如天气的阴、雨、晴，产品市场销售的畅销、滞销等，它们是客观存在的。在古代，评价一个优秀的将领时，就要求他上知天文，下知地理），称为自然状态集，记为

$N=\{N_1, N_2, \cdots, N_n\}$，其中 N_j 代表第 j 种自然状态。

（3）自然状态出现的可能性，称为自然状态概率集，记为

$$p(N)=\{p(N_1),\ p(N_2),\ \cdots,\ p(N_n)\}$$

其中 $p(N_j)$ 代表第 j 种自然状态可能出现的概率。显然，$p(N_1)$，$p(N_2)$，…，$p(N_n)$ 应该满足以下条件：

$$p(N_1)+p(N_2)+\cdots+p(N_n)=1,\ p(N_j)\geqslant 0,\ j=1,\ 2,\ \cdots,\ n。$$

（4）每个可行性方案在每种自然状态出现时的收益，记为 a_{ij}。这样的收益有 $m\times n$ 个，全体收益用收益表表示，记为

$$B=\begin{bmatrix} a_{11} & a_{12} & \cdots & a_{1n} \\ a_{21} & a_{22} & \cdots & a_{2n} \\ \cdots & \cdots & \cdots & \cdots \\ a_{m1} & a_{m2} & \cdots & a_{mn} \end{bmatrix}$$

统计型决策的四个要素简记为：A，N，$p(N)$，B。其中 $p(N)$ 代表信息。

3. 统计型决策的分类

根据自然状态发生的可能性 $p(N)$，我们常把统计型决策分为三类：确定型决策，不确定型决策，风险型决策。

（1）确定型决策

已知 A，N，$p(N)$，B，且 $p(N)$ 中有一个元素为 1，其余元素为 0。决策者在决策环境完全确定的条件下进行的决策，称为确定型决策。此时的情报全面、准确，决策因素完全在掌控之中。前面学习的使用线性规划、动态规划方法来解决的问题就属于确定型决策问题。

（2）不确定型决策

对不可控状态把握不准确，无法得到自然状态发生的概率，即缺失条件 $p(N)$，已知条件 A，N，B。在这种情况下所做的决策称为不确定型决策。此时决策者对自然状态发生的概率未知，只能凭借自己的经验、认知等进行决策，因此带有一定的主观性。

（3）风险型决策

如果得不到准确情报，不能获得较多的信息，但决策者对于各类自然状态发生的概率，可以预先估计或计算出来，相当于在已知条件 A，N，$p(N)$，B 情况下所做的决策。这类决策称为风险型决策。

5.2 如何制定可行性方案

人类具有创造性思维，但只有不断学习，才能充分挖掘内在的创造潜力。决策者不仅要发展创造性思维，还应采用一定的组织方法使决策群体通过相互启发、学习，挖掘出群体的潜在创造性思维。下面介绍几个制定可行性方案的方法。

1. 头脑风暴法

头脑风暴法是一种从心理上激励群体进行创新活动的最通用的方法，是美国企业家、创造学家奥斯本于1939年提出的。形容创造性思维自由奔放、打破常规，创新设想如暴风骤雨般地激烈涌现，如图5.2所示。

头脑风暴法出自“头脑风暴”一词，“头脑风暴”原是精神病理学的一个术语，是指精神病人在失控状态下的胡思乱想。

图5.2　头脑风暴

为了避免人们由于害怕批评而产生心理障碍，奥斯本提出了延迟评判原则。他建议把提出设想与评价设想在时间上分开进行，由不同的人参加这两个过程。

具体做法如下：

头脑风暴法小组的人员构成如下。

（1）设立两个小组

每组成员为 4 ～ 15 人（最佳构成为 6 ～ 12 人）。第 1 组为“设想发生器”组，简称设想组。其任务是参加头脑风暴会议，提出各种设想。第 2 组为“评判”组或称“专家”组。其任务是对设想组提出的设想的价值做出判断，进行优选，如图 5.3 所示。

图 5.3　“设想发生器”组和“专家”组成员

（2）主持人的人选

两个小组的主持人，尤其是头脑风暴法会议的主持人，对于头脑风暴会议的成功至关重要。主持人要有民主作风，要平易近人、反应机敏、有幽默感，在会议中既能坚持头脑风暴会议的原则，又能调动与会者的积极性。主持人的知识面要广，要对讨论的问题有比较深刻的见解，以便在会议期间启发和引导组员，把控讨论的深度。

（3）组员的人选

“设想发生器”组成员应具有抽象思维能力、纵思幻想能力和自由联想能力。最好能预先对组员进行创造技法的培训。

“评判”组成员应有分析和评价的能力。

两组成员的专业构成要合理。应保证大多数组员都精通该问题或是该问题某一方面的专家。同时，也要有少数外行参加，以便突破专业固定思路的束缚。所选组员的知识水准、职务、资历、级别等应尽可能大致相同。

头脑风暴会议的原则：

（1）禁止评论他人构想的好坏；

（2）最狂妄的想象往往是最受欢迎的；

（3）重量不重质，即为了探求最大量的灵感，任何一种构想都可被接纳；

（4）鼓励利用别人的灵感加以想象、变化、组合以激发更多、更新的灵感；

（5）不准参加者私下交流，以免打断别人的思维活动。

头脑风暴法的实施步骤：

（1）准备阶段。准备阶段包括产生问题，组建头脑风暴小组，培训主持人和组员，以及确定会议的内容、时间和地点。

（2）热身活动。为了使头脑风暴会议有一个热烈和轻松的氛围，使与会者的思维活跃起来，可以做一些智力游戏、讲幽默小故事或者出一道简单的练习题，如“花生壳有什么用途”。

（3）明确问题。由主持人向大家介绍所要解决的问题，问题要简单、明了、具体。对于一般性的问题，要把它分成几个具体的问题。

（4）自由畅谈。由与会者自由地提出设想，主持人要坚持原则，尤其要坚持严禁评判的原则，对违反原则的与会者要及时制止。会议秘书要对与会者提出的每个设想予以记录或是做现场录音。

（5）会后收集设想。在会议第2天再向组员收集设想，这时得到的设想往往更富有创见。

（6）如问题未能解决，可重复上述过程。但是要从另一个侧面或用最广义的表述来讨论课题，这样才能变已知任务为未知任务，使与会者转变思路。

（7）评判组会议。对头脑风暴法会议所产生的设想进行评价与优选应慎重行事。务必要详尽、细致地思考所有设想，即使是不严肃的、不现实的或荒诞无稽的设想，也应认真对待。最后确定出若干可行性方案。

2. 戈登法

戈登法由美国学者威廉•戈登（William J. Gordon）提出，先把要解决的问题（属陌生问题）联想到自己比较熟悉的领域，期待从熟悉领域产生创新设想，然后将熟悉领域与原陌生问题联系起来，从而寻求创造性方案。其思维过程如图5.4所示。

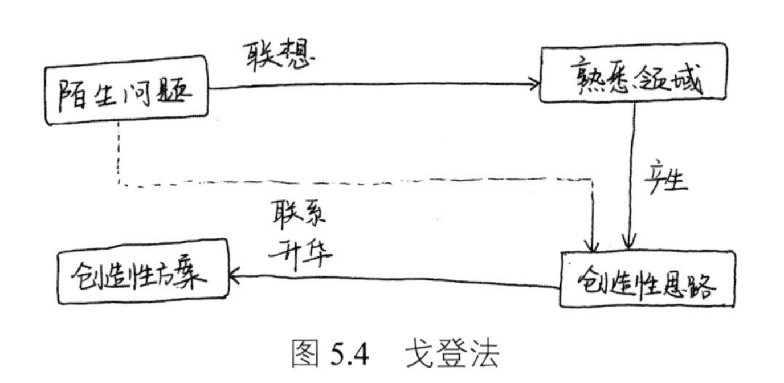

图5.4　戈登法

3. 形态分析法

形态分析法是由兹维基（F. Zwicky）首创的一种方法。系统地看待事物，把事物看成是由几个功能部分组合而成的系统，然后把系统拆成几个功能部分，分别找出能够实现每一个功能的所有方法，最后再将这些方法进行组合。在运用形态分析法的过程中，要注意把好技术要素与技术手段这两道关。

将形态分析法用于某类决策时，将要进行的决策拆分成若干决策因素 1, 2, ···, m，然后拟出各决策因素对应的各种可能形态 1，2，···，n，并按列交叉组合，得到可行性方案，见表 5.1。

表 5.1　形态分析表

决策因素 \ 可能形态	1	2	···	n
1	E_{11}	E_{12}	···	E_{1n}
2	E_{21}	E_{22}	···	E_{2n}
···	···	···	···	···
m	E_{m1}	E_{m2}	···	E_{mn}

探究与交流

1. 与朋友或家人共同选定一个需要决策的问题，组织一次头脑风暴会议。注意主持人、“设想发生器”组成员及“专家”组成员的选择。

2. 举例说明古代人是如何对决策执行者安排预案的。

（提示：锦囊妙计）

第6章

不确定型决策与风险型决策

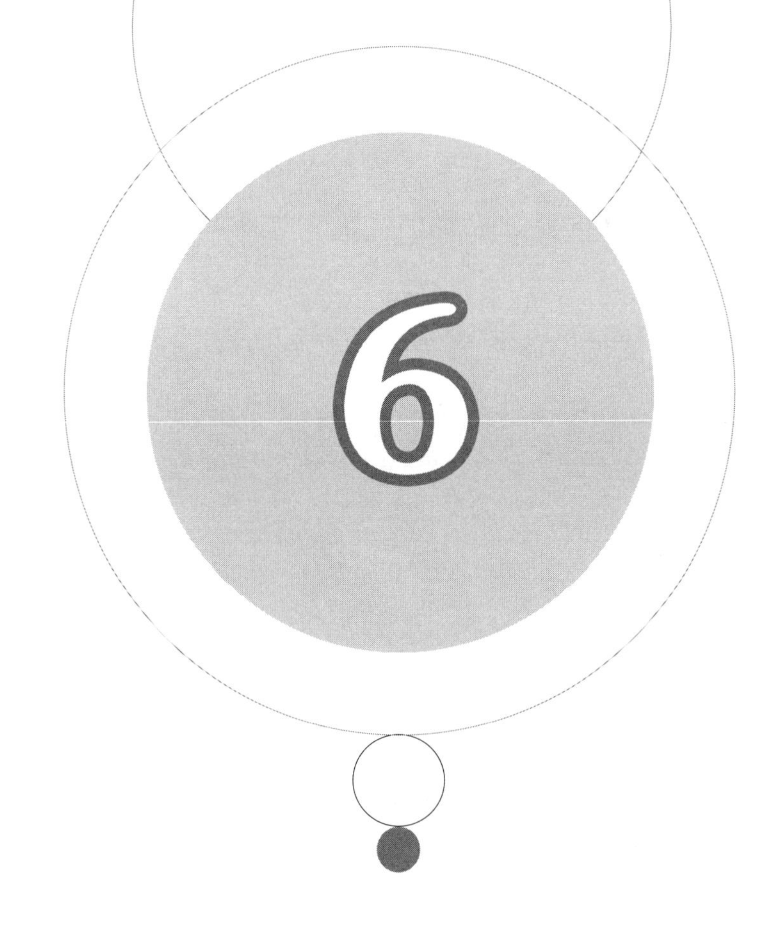

导 言

不确定型决策是决策者在自然状态发生的概率未知的情况下所做的决策。此时决策者主要采用最大最小准则（悲观准则）、乐观准则、赫尔维茨准则、后悔值准则和等概率准则五个准则进行相关决策。

风险型决策与不确定型决策的区别在于：前者已知自然状态的概率集，也就是说事件发生的可能性我们是知道的；而后者不知道自然状态的概率集。接下来，我们将使用概率知识来解决问题。

6.1 不确定型决策

不确定型决策，顾名思义，其中的许多因素都是不确定的。它是指决策者对自然状态发生的概率未知，仅仅根据自己的经验和认识等进行的决策，因此带有一定的主观性。不确定型决策包括五个准则，如图 6.1 所示。

图 6.1　不确定型决策的五个准则

我们以一个实例说明 5 种决策准则及其应用。

例 1　如果你是一家小型企业的负责人，开发了一种儿童玩具，准备投入市场。经过市场调查，拟定了 3 个方案：A_1（小批量生产），A_2（中批量生产），A_3（大批量生产）。未来市场对这种玩具的需求有 3 种自然状态：低、中、高，但这三种状态发生的概率无法估计。每个方案在不同状态发生时的收益如表 6.1 所示。你应该如何决策？

表 6.1　收益表（单位：万元）

收益 自然状态 / 可行性方案	市场需求状态		
	低	中	高
A1(小批量)	8	12	20
A2(中批量)	5	24	30
A3(大批量)	-5	20	40

1. 悲观准则

当人们遇到事情需要做出决策时，大多数人习惯于“从最坏处着想，向最好处努力”。这种决策的准则，我们称为悲观准则，其决策过程是“小中取大”。

针对例1的决策问题，按照悲观准则，决策者“从最坏处着想”，会先考虑每个可行性方案的最差收益，见表6.2的最后一列。

表6.2　采用悲观准则的决策

收益 自然状态 可行性方案	市场需求状态			
	低	中	高	每行取最小值
A1（小批量）	8	12	20	8
A2（中批量）	5	24	30	5
A3（大批量）	-5	20	40	-5

然后，决策者“向最好处努力”，即选择最后一列3个最差收益中的最大值8，所以方案A_1为最优方案。

2. 乐观准则

乐观准则又称“大中取大”准则。遵循乐观准则的决策者对决策问题持乐观态度，因而会先找出每个方案的最大收益，然后从这些最大收益中再选取收益最大的方案作为决策方案，其决策过程是“大中取大”。

针对例1中的决策问题，按照乐观准则，决策者先考虑每个可行性方案的最大收益，见表6.3的最后一列。然后选择3个最大收益中的最大者40，所以方案A_3为最优方案。

表 6.3 采用乐观准则的决策

收益 / 自然状态 / 可行性方案	市场需求状态			
	低	中	高	每行取最大值
A_1(小批量)	8	12	20	20
A_2(中批量)	5	24	30	30
A_3(大批量)	-5	20	40	40

3. 赫尔维茨准则

赫尔维茨准则也称为比较乐观准则，是一种介于乐观准则与悲观准则之间的决策准则。该准则要求决策者根据经验判断出可能出现的最大收益，然后确定一个乐观系数 α（$0 < \alpha < 1$），并利用乐观系数计算每个行动方案的折中值，最后选取折中值最大的方案为最优方案。

针对例 1 中的决策问题，按照赫尔维茨准则，如果决策者偏向乐观，例如，取乐观系数为 0.6，先将每个可行性方案的最大收益乘以乐观系数，每个可行性方案的最小收益乘以“1-0.6=0.4”，二者相加，即可得到收益的折中值，见表 6.4 的最后一列。

表 6.4 采用赫尔维茨准则的决策

收益 / 自然状态 / 可行性方案	市场需求状态			
	低	中	高	折中收益
A_1(小批量)	8	12	20	$20\times0.6+8\times0.4=15.2$
A_2(中批量)	5	24	30	$30\times0.6+5\times0.4=20$
A_3(大批量)	-5	20	40	$40\times0.6+(-5)\times0.4=22$

所以，3 个折中收益中的最大者 40 对应的方案 A_3 为最优方案。

4. 后悔值准则

决策者选定决策方案执行后，发现所选方案并非实际最优方案，必然会后悔。如何使后悔程度最小？实施后悔值准则，首先计算后悔值。方法是先找到某种自然状态下每个方案的最大收益值，然后用最大收益值减去该状态下各方案的收益值，就得到了后悔值。此值越大，决策者的后悔程度越高。其次，求出每行的最大值（后悔值大表示损失大）。最后，3 个最大值中的最小值对应的方案为最优方案。

例 1 的后悔值见表 6.5 中的第 2、3、4 列数值。其次，求出每行的最大值（后悔值大表示损失大），见表 6.5 中的最后一列。

表 6.5　采用后悔值准则的决策

自然状态 / 收益 / 可行性方案	市场需求状态			
	低	中	高	每行取最大值
A_1（小批量）	0	12	20	20
A_2（中批量）	3	0	10	10
A_3（大批量）	13	4	0	13

由此可见，3 个最大值中的最小值 10 对应的方案 A_2 为最优方案。

5. 等概率准则

等概率准则是假定各种自然状态出现的概率是相等的，在这种条件下利用同等概率来计算各个行动方案的期望收益值，也就是各个方案收益的平均值，3 个平均值中的最大值对应的方案为最优方案。

例 1 中每个方案的平均值见表 6.6 中的最后一列。因此，3 个平均值中的最大值 59/3 对应的方案 A_2 为最优方案。

表 6.6 采用等概率准则的决策

可行性方案 \ 收益 \ 自然状态	市场需求状态			
	低	中	高	平均值
A_1（小批量）	8	12	20	(8+12+20)/3=40/3
A_2（中批量）	5	24	30	(5+24+30)/3=59/3
A_3（大批量）	-5	20	40	(-5+20+40)/3=55/3

探究与交流

1. 想一想，遇到不确定的事情需要决策时，你的家人、你身边的朋友，分别喜欢采用哪种决策准则？

2. 面对不确定型决策，怎样运用运筹思维进行合理分析？

3. 某种不确定型决策问题的收益如表 6.7 所示。

表 6.7

方案 \ 收益 \ 自然状态	N_1	N_2	N_3	N_4
A_1	4	16	8	1
A_2	4	5	12	14
A_3	15	19	14	13
A_4	2	17	8	17

用不确定型决策的 5 种决策准则（赫尔维茨准则采用乐观系数 $\alpha=0.4$）分别计算 5 种最优方案。

4. 某商店订购某种季节性商品，根据以往的经验，这种商品当年的销售量可能为 100 件、200 件、300 件、400 件。假定每件商品的订购价为 10 元，销售价为 15 元，当年售不出的商品处理价格为每件 5 元，且以处理价格销售一定可以售出。

（1）建立收益表；

（2）分别根据悲观准则、后悔值准则确定该商品应订购的数量。

6.2 风险型决策

风险型决策与不确定型决策相比，是已知自然状态概率集。由于使用了概率，所以称此类决策为风险型决策。

1. 期望收益决策法

（1）客观概率与主观概率

风险型决策使用的概率有两种：客观概率与主观概率。

客观概率是根据事件的相关信息所确定或计算出来的每个时间点出现的概率。在统计型决策分析中，常以事件出现的频率近似代替事件出现的概率。

主观概率是结合当前信息大致确定，与决策者个人的智慧、经验、胆识等密切相关。一般情况下，主观概率没有客观概率可靠。

（2）期望收益

期望收益是指没有意外事件发生时根据已知信息预测所能得到的收益。每个可行性方案的期望收益值都可以用该方案在各种自然状态下的取值及其对应的概率来表示。即：

每个方案的期望收益值等于该方案在各种自然状态下的收益值乘以所对应的概率之和。这就是期望收益值的算法。

（3）期望收益决策法

期望收益决策法就是以不同方案的期望收益作为择优的标准，选择期望收益最大的方案为最优方案。下面，我们通过一个案例了解什么是期望收益决策法。

例 2 有一家冷饮店要拟定 7、8、9 月份的雪糕日进货计划。现在有前两年同期 180 天的日销售资料，如表 6.8 所示。已知雪糕的进货成本为每箱 60 元，销售价格为每箱 110 元。如果卖不出去，每箱将亏损 20 元，问该店日进货量应该为多少。

表 6.8 不同日销售量的概率

日销售量（箱）	完成日销售量的天数	概率
50	36	36/180=0.2
60	72	72/180=0.4
70	54	54/180=0.3
80	18	18/180=0.1
总和	180	1

首先，根据表 6.8 提供的日销售资料确定不同日销售量的概率。见表 6.9。

表 6.9 日销售量的概率

日销售量（箱）	50	60	70	80
概率	0.2	0.4	0.3	0.1

其次，绘制不同进货方案的收益表。

如果销售量大于进货量（供不应求），则利润为销售价格与进货成本二者之差。例如，进货量为每日 60 箱，预期销售量为每日 70 箱，则利润为（110-60）×60=3000（元）。

如果销售量小于进货量（供大于求），则还要计算卖不出去的损失。例如，进货量为每日 60 箱，预期销售量为每日 50 箱，则利润为 50×50-20×10=2300（元）。由此得出如表 6.10 所示的收益表。

接下来，计算每种方案的期望利润，将该方案每个状态下的利润乘以它的概率，然后求和，从而得到它的期望利润。

例如，日进货量为 60 箱，期望利润为

0.2×2300+0.4×3000+0.3×3000+0.1×3000=2860（元）。

最后，期望利润最大的方案为最佳方案。结论是日进货 70 箱的计划方案期望利润最大，所以该店最佳的进货方案是日进货 70 箱。

表 6.10　不同进货方案的期望收益表

	日销售量（箱）	50	60	70	80	期望利润
	概率	0.2	0.4	0.3	0.1	
	利润（元）					
日进货量	50	2500	2500	2500	2500	2500
	60	2300	3000	3000	3000	2860
	70	2100	2800	3500	3500	2940
	80	1900	2600	3300	4000	2810

我们进行一下总结：

第一步，确定每个状态发生的概率；

第二步，计算不同自然状态下每种方案的收益值；

第三步，计算每种方案的期望利润；

第四步，选择期望利润最大的方案为最佳方案。

例 3　某市有一家报社，现在每天印刷一种晚报 15 万份，其中大部分通过零售网点发行。据 100 天内的销量调查发现，每天出售该晚报的份数如表 6.11 所示。已知该晚报每份售价为 0.3 元，成本为 0.25 元。如果你是该报社领导，你将如何根据市场销量调查结果，确定每天的最佳印刷量，使期望利润最大？

表 6.11　晚报销量分布表

销量（万份/天）	15	14	13	12	11
天数	12	20	30	25	13

解　这里有 5 个备选方案。每天印刷

A_1 : 15 万；A_2 : 14 万；A_3 : 13 万；A_4 : 12 万；A_5 : 11 万；

每天出售该晚报份数（万份）的自然状态有 5 种：

$N_1=15$ ，$N_2=14$ ，$N_3=13$ ，$N_4=12$ ，$N_5=11$ 。

相应的自然状态概率为：$P(N_1)=0.12$，$P(N_2)=0.20$，$P(N_3)=0.30$，$P(N_4)=0.25$，$P(N_5)=0.13$。方案 A_i 在自然状态 N_j 下得到的收益值为 a_{ij} $(i,j=1,2,3,4,5)$，则收益表为

$$B=(a_{ij})=\begin{array}{c} \\ A_1 \\ A_2 \\ A_3 \\ A_4 \\ A_5 \end{array}\begin{array}{c} \begin{array}{ccccc} N_1 & N_2 & N_3 & N_4 & N_5 \end{array} \\ \left(\begin{array}{ccccc} 7500 & 4500 & 1500 & -1500 & -4500 \\ 7000 & 7000 & 4000 & 1000 & -2000 \\ 6500 & 6500 & 6500 & 3500 & 500 \\ 6000 & 6000 & 6000 & 6000 & 3000 \\ 5500 & 5500 & 5500 & 5500 & 5500 \end{array}\right) \end{array}$$

由计算期望值的公式

$$E(S_i)=a_{i1}P(N_1)+a_{i2}P(N_2)+\cdots+a_{in}P(N_n),\ i=1,2,\cdots,m$$

有 $E(A_1)=1290$，$E(A_2)=3430$，$E(A_3)=4970$，$E(A_4)=5610$，$E(A_5)=5500$。比较后可知：$E(A_4)$ 为最大。故方案 A_4 为最优方案。

效益分析：将最优方案 A_4 与现行正在执行的 A_1 方案比较，可知每天增加的期望收益为

$$E(S_4)-E(S_1)=5610-1290=4320\ (元)。$$

从中可以看出，运筹学方法对于企业管理有多重要。

2. 决策树法

决策树法是风险决策中的常用方法，它的优点是能使决策问题更加形象、直观，便于思考与集体探讨，在多级决策活动中更是如此。

（1）决策树的结构

决策树又叫决策图，它是以方框和圆圈为结点，由直线段连接而成的一种树枝形状的结构，如图 6.2 所示。

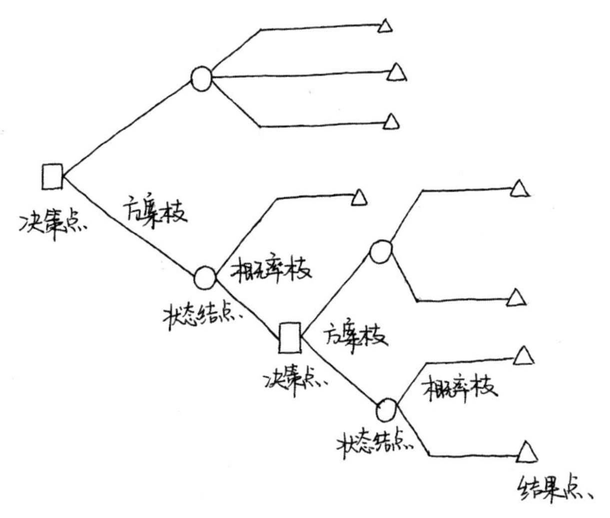

图 6.2　决策树示意图

方框结点称为决策点。由决策点引出的每条直线代表一个方案，称为方案枝。

在各个方案枝末端的圆圈，叫做状态结点。

由状态结点引出的每条线段代表一个自然状态及其可能出现的概率，我们称其为概率枝。

在概率枝末端画“三角形”，叫做结果点。在结果点旁边列出不同状态下的收益值，以供决策用。

一般决策问题具有两个或多个行动方案。绘制决策图形要求由左向右组成一个树形的网状图。

应用决策树进行决策的过程：

先自右向左逐步进行分析，根据右端的收益值和概率枝的概率，计算出同一方案在不同自然状态下的期望收益值（负的为损失值）；

然后根据不同方案期望收益值的大小做出选择，对落选的非最优方案，需要在图上进行修枝，即在落选的方案枝上画上“//”符号，最后，决策点只留下一条树枝，即为决策的最优方案。

例 4 某技术研究所正在考虑是否向某企业提出开发一种新产品的建议。如果提出此建议就需要进行一些初步的调研工作，并投入 2 万元。该技术研究所根据以往的经验和该企业的产品情况提出开发建议。此建议提出后，大约有 60% 的把握通过，从而得到合同。如果得不到合同，则损失 2 万元的前期投入。

这个产品有两种开发方法：方法 1 需要花费 28 万元，开发成功的概率为 80%；方法 2 需要花费 18 万元，开发成功的概率仅为 50%。

如果该技术研究所得到合同并且开发成功，将得到 70 万元的技术转让费；如果该技术研究所得到合同但开发失败，将支付给企业 15 万元的赔偿费。

用决策树法帮该技术研究所进行决策。

解 我们先根据问题画出一个决策树，以方便计算各方案的期望收益值，如图 6.3 所示。

如果研究所不提出开发建议，此时收益为 0；若提出开发建议，但是得不到合同，该研究所将损失 2 万元的前期投入。这是第一次决策。

如果研究所得到合同，此时面临第二次决策，即在两种开发方法中选择一种，因此，这是一个两次决策的问题。

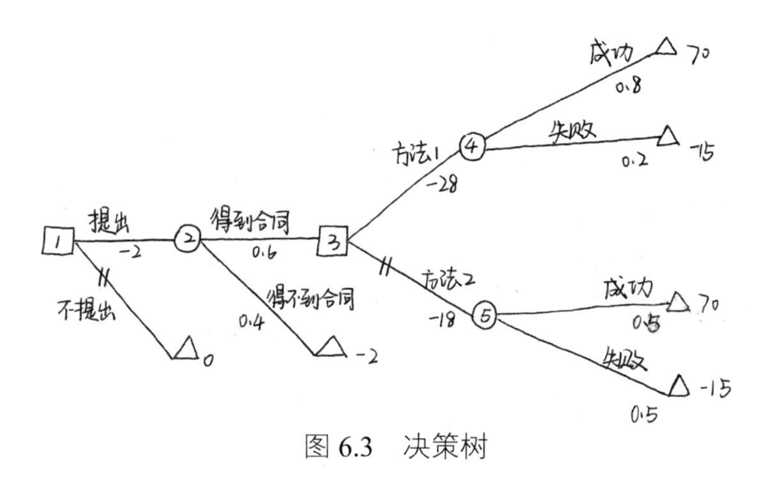

图 6.3　决策树

根据所给出的数据，如果按照方法 1 开发，要花费 28 万元开发费，开发成功将得到 70 万元的技术转让费；开发失败，则将支付 15 万元的赔偿费。

如果按照方法 2 开发，要花费 18 万元的开发费。开发成功，将得到企业支付的 70 万元技术转让费；开发失败，将支付 15 万元的赔偿费，见图 6.3 中的数据。

然后，计算状态点、决策点处的期望收益：

状态点 4 处的期望收益：70×0.8 +（-15）×0.2=53（万元）。

状态点 5 处的期望收益：70×0.5 +（-15）×0.5=27.5（万元）。

在决策点 1 处，按照：$\max\{53-28, 27.5-18\}=25$，所对应的是决策点 3 的期望收益。

这表明方法 1 优于方法 2，因此，在第 2 次决策时，最优方案为方法 1。

接着计算状态点 2 处的期望收益：25×0.6 +（-2）×0.4=14.2（万元）。最后，在决策点 1 处，按照 $\max\{14.2-2, 0\}=12.2$，所对应的最优策略是提出开发建议，见图 6.4。

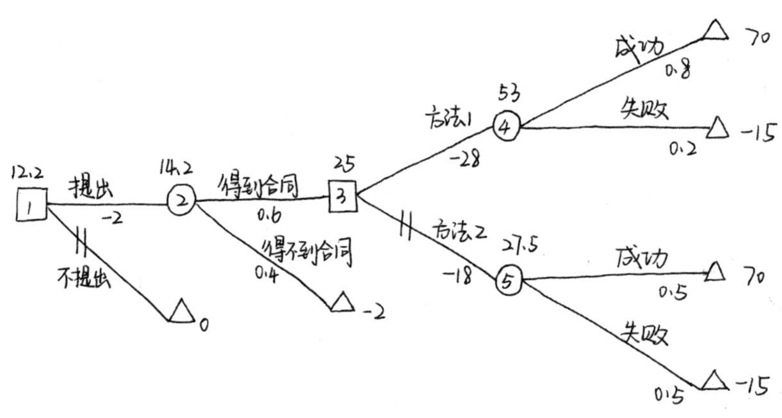

图 6.4 决策过程

因此，这个决策问题的解是：提出开发建议，若得到合同，则采用方法 1 进行开发。

练习题

某市新华书店希望订购最新出版的图书。根据以往的经验，新书的销售量可能为 50 册、100 册、150 册或 200 册。假定每册新书的订购价为 20 元，销售价为 30 元，如果一年内卖不出去，每本书将以每册处理价 10 元销售。根据以往的统计资料，这类图书的销售规律见表 6.12。

表 6.12 此类图书销售规律

需求数	50	100	150	200
比例（%）	20	40	30	10

如果你是书店经理，你将如何决定新书订购数量？

提示：

（1）建立收益表；

（2）利用期望收益决策法得出最优决策。

第7章

试验最优化方法

7

导　言

在自然科学中，有些规律一开始尚未被人们所认识，往往需要通过试验获得其统计规律，在此基础上提出科学猜想，再从理论上证明这些猜想。例如，开发新产品时，未知的东西很多，要通过试验来摸索工艺条件或配方等。如何安排试验既能达到最好的试验效果，又能使试验次数尽量少呢？这是经常会遇到的问题。由于这类问题没有用数学公式表示的目标函数，所以不能直接使用数学中求极值的方法。解决这类问题有一类专门的方法，称为试验最优化方法，也称为“试验设计”。如何做试验，其中大有学问。试验设计得好，会事半功倍；反之，会事倍功半，甚至劳而无功。本章将介绍用于单因素优选问题的 0.618 法、斐波那契法。读完本章内容以后，你将会对试验最优化方法有更深刻的理解。

7.1 什么是试验最优化方法

试验最优化方法，也称为“试验设计”，是以概率论和数理统计为理论基础，合理安排试验的一项技术。

优选法，也叫最优化方法，是指研究如何用较少的试验次数，迅速找到最优方案的一种科学方法。优选法的核心就是用最少的实验次数，找到最佳的配比方案。

20 世纪 70 年代初，优选法由我国著名数学家华罗庚等推广，如图 7.1 所示。

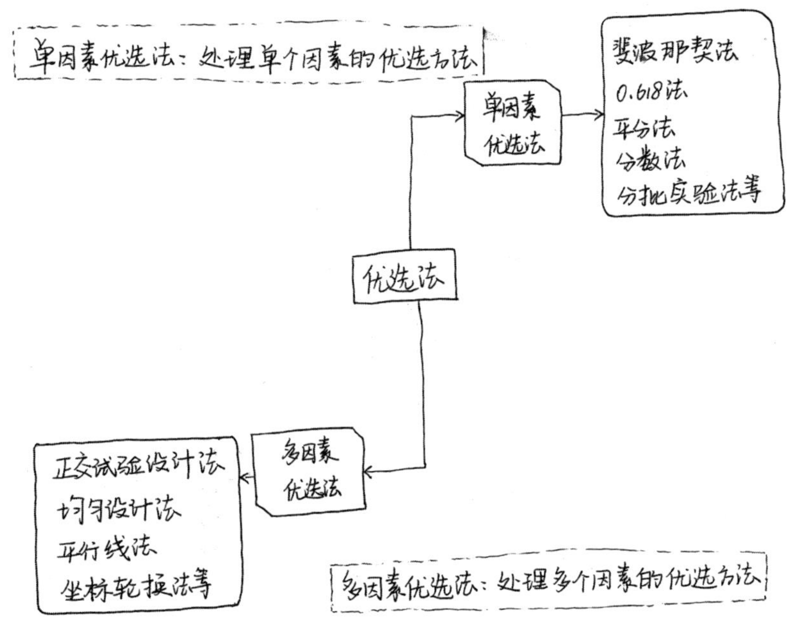

图 7.1 单因素与多因素优选法

优选法分为单因素方法和多因素方法两类。单因素方法指的是处理单个因素的优选方法，单因素方法有斐波那契法、0.618 法

(近似黄金分割法)、平分法、分数法、分批试验法等；斐波那契法和近似黄金分割法是解决单因素优选问题中比较成熟的方法。多因素方法指的是处理多个因素的优选方法，多因素方法很多，但在理论上都不完善。主要有正交试验设计法、均匀设计法、平行线法、坐标轮换法等。本章只介绍解决单因素优选问题的 0.618 法(近似黄金分割法)、斐波那契法。

适合使用优选法的主要有以下三类问题：

1. 怎样选取合适的配方、合适的制作工艺，使产品质量最好？

2. 怎样在保证质量标准的前提下，使产量最高、成本最低、生产过程最快？

3. 怎样调试已有的设备，能使其性能最好？

7.2 单因素优选的 0.618 法

0.618 法又称近似黄金分割法，是优选法的一种。

0.618 这个数来源于黄金分割数ω= $\frac{\sqrt{5}-1}{2}$ 的近似值。关于黄金分割数的由来，我们将在后面的小节中详细介绍。下面，我们结合实际问题来介绍 0.618 法。

黄金分割数经常被应用于各个领域，比如绘画、雕塑、建筑、军事、数学（如图 7.2、图 7.3、图 7.4 所示）等。那么如何将 0.618 法应用于试验当中呢？

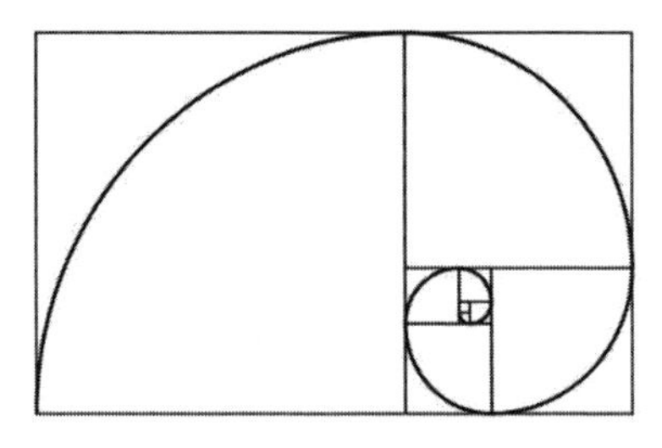

图 7.2　黄金分割矩形

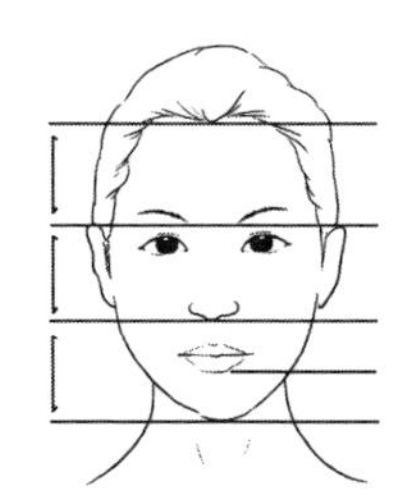

图 7.3　人脸的黄金比例

图 7.4　《蒙娜丽莎的微笑》的黄金分割比

下面我们结合例 1 来介绍 0.618 法。这里有一个基本假设：我们要优化的变量在所给定的范围内有唯一的最优值。

例 1 某炼钢车间要炼一种特殊钢，需通过加入碳元素来加强其强度。碳太多了会成为生铁，碳太少了会成为熟铁，达不到特种钢的硬度要求。那么生产每吨特种钢要加多少碳，才能达到硬度要求呢？

根据经验，每吨的加碳量在 1000 克到 2000 克之间，那么我们如何才能用最少的试验次数找到最适当的加碳量呢？

我们用一张有刻度的纸条来表达试验范围 1000 ~ 2000 克，在这张纸条长度的 0.618 处画一条竖线，该刻度表示 1618 克，如图 7.5 所示，我们按照加碳量 1618 克做第一次试验。

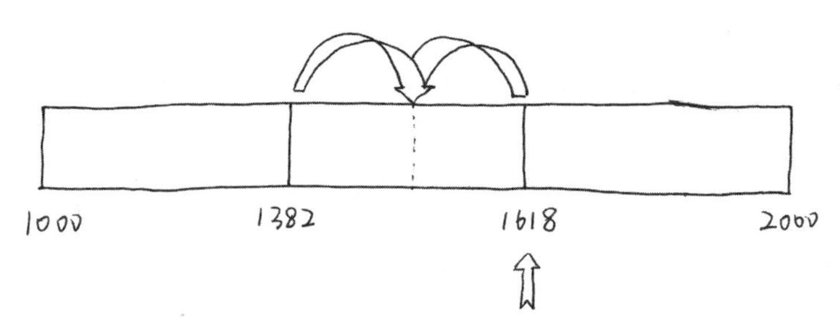

图 7.5 纸条法

记下试验结果，然后把纸条对折，1618 处关于折痕（即纸条的中点）的对称点就是 1382 点，按照加碳量 1382 克做第二次试验，并记下试验结果。

把两次试验结果加以比较：如果 1382 处的效果较好，就把 1618 处右边的一段纸条剪掉；如果 1618 处的效果较好，就把 1382 处左边的纸条剪掉。

如果 1382 处的效果能达到要求，优选试验就到此为止；否则，继续优选。再把剩下的纸条对折，找到与 1382 点对称的 1236 点，按照加碳量 1236 克做第三次试验，将试验结果与 1382 处的结果比较：

如果仍是1382处的效果较好，我们就把1236处左边的一段纸条剪掉。

就这样，经过试验、比较，再试验、再比较，逐步达到生产要求。在这个过程中，最多做15次试验，就可以找出最适当的加碳量。这是因为：

$(2000-1000)\times0.618^{15}\approx0.7325$ 克＜1克

一般地，我们也可以通过下面两个基本公式直接算出试验点。设试验范围是区间 $[a,b]$，第一次试验点（分割点 c）的计算公式如下：

分割点 $c=(b+a)\times0.618+a$

以后各次试验点（简称对称点 c'）的计算公式如下：

对称点 $c'=(b+a)-$ 分割点 c

使用这两个公式时需要注意：随着试验范围的缩小，区间 $[a, b]$ 中的 a、b 以及分割点 c 的取值也在变化。

0.618法中有一个奇妙的数字0.618。这个数字与我们的生活有什么关系呢？人们惊奇地发现，世界上有很多配比按照0.618法去组合搭配是最美的。

例如，埃及金字塔的底边长和高度比正好是1∶0.618，因此，埃及的金字塔无论从哪个角度看都是最好看的。后来，人们发现世界上一切美的东西都符合0.618这个原则，如果一个人的脚底到肚脐眼的高度和整个身长的高度之比是0.618∶1，那这个人的身材肯定是最美的；如果一个人的下巴到眉毛的高度占整个脸长的0.618，发际线到鼻子的高度占整个头长的0.618，这个人的脸是最美的。

7.3 单因素优选的斐波那契方法

1. 斐波那契数列

数学的各个领域常常出乎意料地有着奇妙的联系。斐波那契数列：

1，1，2，3，5，8，13，21，34，55，89，144，233，…

从第三项开始，每个数都是它前面两个数的和。这个数列最早出现在意大利数学家斐波那契（Fibonacci，1175—1250）于1202年所著的《算盘书》中。斐波那契在该书的“兔子问题”中提到，假设一对兔子每月能生一对小兔（一雄一雌），而每对小兔在它出生后的第三个月，又开始生小兔，如图7.6所示。如果没有死亡，由一对刚出生的小兔开始，一年后一共会有多少对兔子？

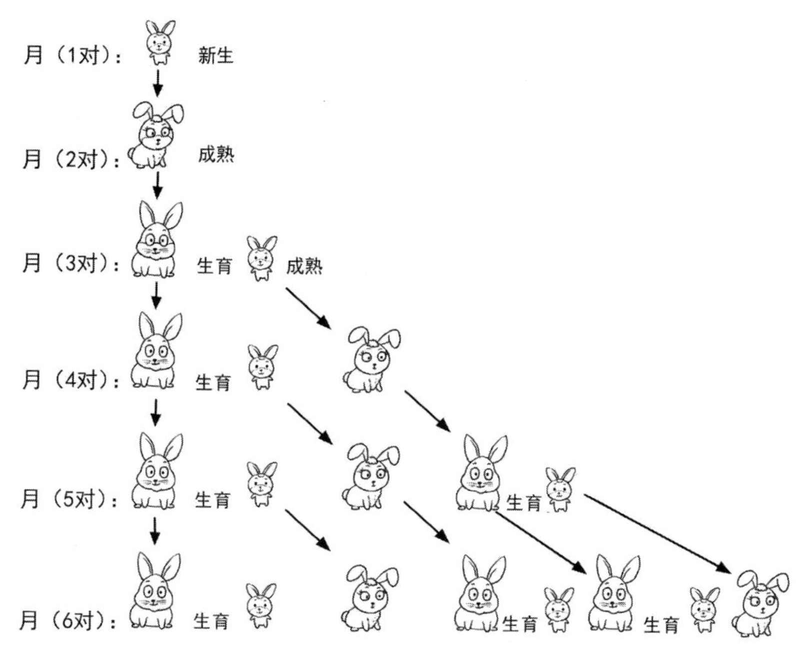

图7.6 小兔子

将问题一般化后，第 n 个月时的兔子数就是斐波那契数列的第 n 项。

若第 n 个斐波那契数记为 F_n，则这个数列有下面的递推关系：

$$F_{n+2} = F_{n+1} + F_n。$$

如果按照公式

$$u_n = \frac{F_n}{F_{n+1}}, \quad n = 2,3,\cdots$$

构造数列 $\{u_n\}$，得到：

$$\frac{1}{2}, \quad \frac{2}{3}, \quad \frac{3}{5}, \quad \frac{5}{8}, \quad \frac{8}{13}, \quad \frac{13}{21}, \quad \cdots \qquad (7.1)$$

随着 n 的增大，它们越来越接近于黄金分割数

$$\omega = \frac{\sqrt{5}-1}{2} = 0.6180339887\cdots$$

有时候，出于对优选问题的特殊要求，我们不从 0.618 处开始，而从分数列（式 7.1）中的某一个分数开始。当试验总次数有所限制，或者试验点只能取整数时，使用斐波那契法比较方便。

2. 使用斐波那契法优选的步骤

（1）根据经验确定试验范围和试验总次数；

（2）在分数列（式 7.1）中选取分母与试验总次数相同或最接近的分数；

（3）以所取分数的分子的数值为第一个试验点，取该点的对称点为第二个试验点进行试验，并记录两次试验结果；

（4）比较两次试验结果，按照 0.618 法进行取舍，在剩下的范围内，取好的对称点继续进行试验；

（5）重复上述步骤，直至找到满意的点为止。

现举例说明分数法的具体应用。

例 2 某企业加工车间为提高一种工件的质量，对车床转速进行优选，已知在这种车床上，每分钟的车床转速分为 12 挡，排列次序见表 7.1。

表 7.1 C_{6140} 车床转速表

挡数	1	2	3	4	5	6	7	8	9	10	11	12
转速	23	23	48	67	95	135	170	240	350	485	690	1000

若采用 0.618 法，第一个试验点的取值是

（1000−23）×0.618+23=626.8(转 / 分)

而转速表上无此转速，故宜采用分数优选法。试验总次数不超过 12 次，在分数列（式 7.1）中，分母与试验总次数 12 最接近的分数是 $\frac{8}{13}$，故：

第一次试验在第 8 挡做。

第二次试验在对称的第 5 挡做。

然后比较结果，如果用第 8 挡加工质量较好，就去掉第 5 挡以下各挡（否则，就去掉第 8 挡以上各挡）。

第三次试验在对称的第 10 挡做。

如果用第 10 挡加工质量较好，就去掉第 8 挡以下各挡（否则，就去掉第 10 挡以上各挡）。

第四次试验在对称的第 11 挡做。

再比较，如果第 10 挡好，则在第 9 挡做最后一次试验（否则，取第 11 挡为最好的挡），这样就可以找到最好的挡，过程如下：

1 2 3 4 5 6 7 (8) 9 10 11 12

6 7 (8) 9 (10) 11 12

9 (10) (11) 12

(9) (10)

需要注意的是：在任何一个优选的过程中，影响目标值的因素一般不止一个。为了节约资源，减少试验次数，抓主要矛盾便成为关键。研究任何过程时，如果存在着两个以上的矛盾，就要用全力找出它的主要矛盾。抓住了这个主要矛盾，一切问题就都迎刃而解了。使用单因素优选法，必须善于抓住主要矛盾，把那些影响不大的因素暂且抛开，把精力集中在起决定作用的因素上。

3. 一批可以做几个试验的情况

如果条件允许，可以多做几次试验，就可以节省更多时间。比如一次可以做四个试验，我们就可以采用以下办法：

（1）将试验区间均分为五份，在其中四个分点上做试验，见图 7.7。

图 7.7 均分为五份

（2）比较四个试验中哪个效果最好，留下最好的点及其左右的区间，然后将留下的再分为六等份，再在四个新点处做试验，见图 7.8。

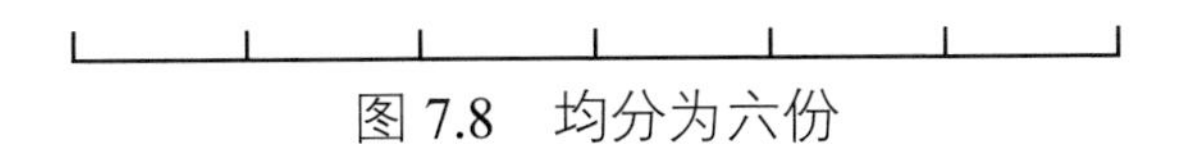

图 7.8 均分为六份

（3）继续留下最好的点及其左右的区间，重复（1）的过程，不断做下去，就能找到最优点。

探究与交流

1. 你知道生活中还有哪些案例利用了黄金分割数吗？

2. 请通过网络或者相关书籍了解一下如何利用斐波那契法（分数法）解决实际问题。